农作物病虫害识别与绿色防控丛书

U0269336

玉米病虫害识别与绿色防控图谱

王燕　闵红　主编

河南科学技术出版社
·郑州·

内容提要

本书共精选对玉米产量和品质影响较大的44种主要病虫害的田间识别与绿色防控技术原色图片数百张，重点突出病害田间发展和虫害不同时期的症状、识别特征，详细介绍了每种病虫害的分布区域、形态（症状）特点、发生规律和绿色防控技术，以及目前田间常用的植保机械地面机、无人机的性能特点、主要技术参数和使用注意事项，提出了玉米主要病虫害的绿色防控技术模式。本书内容丰富、图片清晰、图文并茂、文字浅显易懂、技术先进实用，适合广大农业（植保）技术推广人员、农业院校师生、各类农业社会化服务组织人员、种植大户以及农资生产销售人员阅读使用。

图书在版编目（CIP）数据

玉米病虫害识别与绿色防控图谱／王燕，闵红主编. — 郑州 : 河南科学技术出版社，2021.8

（农作物病虫害识别与绿色防控丛书）

ISBN 978-7-5725-0526-3

Ⅰ. ①玉… Ⅱ. ①王… ②闵… Ⅲ. ①玉米—病虫害防治—无污染技术–图谱 Ⅳ. ①S435.13–64

中国版本图书馆CIP数据核字（2021）第142631号

出版发行：河南科学技术出版社
地址：郑州市郑东新区祥盛街27号　　邮编：450016
电话：（0371）65737028　65788613
网址：www.hnstp.cn
策划编辑：陈淑芹　杨秀芳
责任编辑：田　伟
责任校对：尹凤娟
装帧设计：张德琛
责任印制：张艳芳
印　　刷：河南瑞之光印刷股份有限公司
经　　销：全国新华书店
开　　本：890 mm × 1240 mm　1/32　印张：8.5　字数：280千字
版　　次：2021年8月第1版　　2021年8月第1次印刷
定　　价：49.00元

总编辑　吕国强

吕国强，男，大学本科学历，现任河南省植保植检站党支部书记、二级研究员，兼河南农业大学硕士研究生导师、河南省植物病理学会副理事长。长期从事植保科研与推广工作，在农作物病虫害预测预报与防治技术研究领域有较高造诣和丰富经验，先后主持及参加完成 30 多项省部级重点植保科研项目，获国家科技进步二等奖 1 项（第三名）、省部级科技成果一等奖 5 项（其中 2 项为第一完成人）、二等奖 7 项（其中 2 项为第一完成人）、三等奖 9 项。主编出版专著 26 部，其中《河南蝗虫灾害史》《河南农业病虫原色图谱》被评为河南省自然科学优秀学术著作一等奖；作为独著或第一作者，在《华北农学报》《植物保护》《中国植保导刊》等中文核心期刊发表学术论文 60 余篇；先后 18 次受到省部级以上荣誉表彰。为享受国务院政府特殊津贴专家、河南省优秀专家、河南省学术技术带头人，全国粮食生产突出贡献农业科技人员、河南省粮食生产先进工作者、河南省杰出专业技术人才，享受省（部）级劳动模范待遇。

本书主编 王燕

王燕，女，大学本科学历，现任许昌市植保植检站站长、研究员，兼河南省植物病理学会理事。长期从事植保植检科研与推广工作，在农作物病虫草害测报及综合防治、新农药药械推广等方面有较深造诣，先后获农业部一等奖1项、二等奖2项和市级成果奖13项；主编（或副主编）出版植保专著6部，其中《河南农业病虫原色图谱》获河南省第四届自然科学优秀学术著作一等奖，在省级以上刊物发表学术论文20余篇，为许昌市拔尖人才、许昌市学术技术带头人、"河南省粮食生产突出贡献农业科技人员（省劳模）"，2011年当选河南省第九次党代会党代表。

本书主编 闵红

闵红，女，硕士研究生学历。现任河南省植保植检站高级农艺师，多年来一直从事植保科研与推广工作，在新农药、新型高效施药器械应用方面有较深研究和丰富的实践经验。参与完成的《除草剂药害防控技术研究与应用》获2019年河南省科技进步一等奖；《小麦两大土传病害防治关键技术研究及示范推广》、《麦田杂草防治技术集成研究与示范》分获厅级一、二等奖，参加编著出版植保专著6部；作为第一作者，在核心期刊上发表学术论文3篇；编写并发布省级地方标准3个。

总序

　　我国是世界上农业生物灾害发生最严重的国家之一，常年发生的农作物病、虫、鼠、草害多达1 700种，其中可造成严重损失的有100多种，有53种属于全球100种最具危害性的有害生物。许多重大病虫一旦暴发成灾，不仅危害农业生产，而且影响食品安全、人身健康、生态环境、产品贸易、经济发展乃至公共安全。小麦条锈病、马铃薯晚疫病的跨区流行和东亚飞蝗、稻飞虱、稻纵卷叶螟、棉铃虫的暴发危害都曾给农业生产带来过毁灭性的损失；小麦赤霉病和玉米穗腐病不仅影响粮食产量，其病原菌产生的毒素还可导致人畜中毒和致癌、致畸。2019年联合国粮农组织全球预警的重大农业害虫——草地贪夜蛾入侵我国，当年该虫害波及范围就达26个省（市、自治区）的1 540个县（市、区），对国家粮食安全构成极大威胁。专家预测，未来相当长时期内，农作物病虫害发生将呈持续加重态势，监测防控任务会更加繁重。

　　长期以来，我国控制农业病虫害的主要手段是采取化学防治措施，化学农药在快速有效控制重大病虫危害、确保农业增产增收方面发挥了重要作用，但长期大量不合理地使用化学农药，会导致环境污染、作物药害、生态环境破坏等不良后果，同时通过食物链的富集作用，造成农畜产品农药残留，进而威胁人类健康。

　　随着国内农业生产中农药污染事件的频繁发生和农产品质量安全问题的日益凸显，兼顾资源节约和环境友好的绿色防控技术应运而生。2006年以来，我国提出了"公共植保、绿色植保"新理念，开启了农作物病虫害绿色防控的新征程。2011年，农业部印发《关于推进农作物病虫害绿色防控的意见》，随后将绿色防控作为推进现代植保体系建设、实施农药和化肥"双减行动"的重要内容。党的十八届五中全会提出了绿色发展新理念，2017年，中共中央办公厅、国务院办公厅印发《关于创新体制机制推进农业绿色发展的意见》，提出要强化病虫害全程绿色防控，有力推动绿色防控技术的应用。2019年，农业农村部、国家发展改革委、科技部、财政部等七部（委、局）联合印发《国家质量兴农战略规划（2018—2022年）》，提出实施绿色防控替代化学防治行动，建设绿色防控示范县，推动整县推进绿色防控工作。在新发展理念和一系列政策的推动下，各级植保部门积极开拓创新，加大研发力度，初步集成了不同生态区域、不同作物为主线的多个绿色防控技术模式，其示范和推广面积也不断扩大，到2020年底，我国主要农作物病虫害绿色防控应用面积超过8亿亩，绿色防控覆盖率达到40%以上，为促进农业绿色高质量发展发挥了重要作用。但尽管如此，从整体来讲，目前我国绿色防控主要依靠项目推动、以示范展示为主的状况尚未根本改变，无论从干部群众的认知程度、还是实际应用规模和效果均与农业绿色发展的迫切需求有较大差距。

为了更好地宣传绿色防控理念，扩大从业人员绿色防控视野，传播绿色防控相关技术和知识，助力推进农业绿色化、优质化、特色化、品牌化，我们组织有关专家编写了这套"农作物病虫害识别与绿色防控"丛书。

本套丛书共有小麦、玉米、水稻、花生、大豆5个分册，每个分册重点介绍对其产量和品质影响较大的病虫害40~60种，除精选每种病虫害各个时期田间识别特征图片，详细介绍其分布区域、形态（症状）特点、发生规律外，重点丰富了绿色防控技术的有关内容以及配图，提出了该作物主要病虫害绿色防控技术模式。同时，还介绍了田间常用高效植保器械的性能特点、主要技术参数及使用注意事项。内容全面，图文并茂，文字浅显易懂，技术先进实用。适合广大农业（植保）技术推广人员、农业院校师生、各类农业社会化服务组织人员、种植大户以及农资生产销售人员阅读使用。

各分册主创人员均为省内知名专家，有较强的学术造诣和丰富的实践经验。河南省植保推广系统广大科技人员通力合作，为编委会收集提供了大量基础数据和图片资料，在此一并致谢！

希望这套图书的出版对于推动我省乃至我国农业绿色高质量发展能够起到积极作用。

河南省植保植检站　二级研究员
河南省植物病理学会 副理事长　吕国强
享受国务院政府 特殊津贴专家
2020年11月

前言

　　玉米，学名玉蜀黍 *Zea mays*，禾本科 Poaceae，一年生高大草本，原产于拉丁美洲的墨西哥和秘鲁沿安第斯山麓一带，是世界及我国主要的粮食作物。全世界粮食作物中玉米种植面积和产量仅次于小麦和水稻，居第三位，单位面积产量居首。玉米的用途广泛，除作为粮食作物外，还是重要的优质饲料、重要的工业原料作物和有潜力的能源作物，甜玉米、糯玉米、笋玉米还是经济作物和果蔬类作物。

　　玉米生产上发生的病虫害种类较多，据资料记载，在我国玉米生产中发生的病害有 30 余种、虫害有 250 余种，其中发生频率高、为害严重的病虫害有 20 余种，每年因各类生物灾害造成的玉米损失约 1 000 万 t，有些重大病虫害如草地贪夜蛾一旦暴发成灾，可导致当地玉米生产受到毁灭性的损失。长期以来，我国对玉米病虫害的防治主要依赖化学防治措施，在控制损失的同时，也带来了抗药性上升和病虫暴发概率增加、农产品农药残留超标和农田环境污染等问题。

　　为此，及时识别和诊断玉米生产中的各种病虫害，并推广应用农业措施、理化诱控、生态调控、生物防治、科学用药等绿色防控技术，不仅有助于保护生物多样性，降低病虫害暴发概率，实现病虫害的可持续控制，而且还可以显著降低化学农药的施用量，避免农产品中的农药残留量超标，从而提升农产品质量安全水平，有利于保护农业生态环境安全，促进农业增产、农民增收，符合现代农业的发展要求，满足人们日益增长的对无公害农产品的需求。鉴于此，我们在认真总结以往经验的基础上，查阅了大量文献、资料和最新研究成果，编撰了这本《玉米病虫害识别与绿色防控图谱》，目的是更好地推动绿色农业发展，为广大农民提供绿色植保服务。

本书共精选对玉米产量和品质影响较大的 44 种主要病虫害和主要绿色防控技术措施的原色图片数百张，突出病害田间发展和虫害不同时期的症状、识别特征，并详细介绍了每种病虫害的分布为害、症状（形态）特征、发生规律、绿色防控技术，以及目前田间常用的植保机械地面机、无人机的性能特点、主要技术参数与使用注意事项，提出了玉米主要病虫害绿色防控技术模式。本书内容丰富、图片清晰、图文并茂、文字浅显易懂、技术先进实用，适合广大农业（植保）技术推广人员、农业院校师生、各类农业社会化服务组织人员、种植大户以及农资生产销售人员阅读使用。

本书在编写过程中，得到了有关部门、领导和河南省植保系统广大科技人员的大力支持，在此一并致谢！

由于编者水平有限，书中存在的遗漏和不足，恳请读者批评指正。

编者

2020 年 11 月

目录

第一部分　农作物病虫害绿色防控概述

（一）绿色防控技术的形成与发展

农作物病虫害的发生为害是影响农业生产的重要制约因素，使用化学农药防治病虫害在传统防治中曾占有重要地位，对确保农业增产增收起到了重要作用。2012～2014 年农药年均使用量约 31.1 万 t，比 2009～2011 年增长 9.2%，单位面积农药使用量约为世界平均水平的 2.5 倍，虽然在 2016 年以来农药使用量趋于下降，但总量依然很大。长期大量不合理使用化学农药，会引起环境污染、作物药害，破坏生态平衡，同时通过食物链的富集作用，会造成农产品及人畜农药残留，威胁人类健康。

随着国内农业生产中农药污染事件的频繁发生和农产品质量安全问题的日益凸显，兼顾资源节约和环境友好的绿色防控技术应运而生，并越来越多地应用于现代植保工作中。2015 年农业部（现农业农村部）发布《到 2020 年农药使用量零增长行动方案》，提出依靠科技进步，加快转变病虫害防控方式，强化农业绿色发展，推进农药减量控害，重点采取绿色防控措施，控制病虫发生为害，到 2020 年，力争实现农药使用总量零增长。"十三五"规划提出"实施藏粮于地、藏粮于技"战略，推进病虫害绿色防控。2019 年中央 1 号文件提出"实现化肥农药使用量负增长"，进一步强化了通过绿色防治持续控制病虫害的指导思想。

绿色防控技术以生态调控为基础，通过综合使用各项绿色植保措施，包括农业、生态、生物、物理、化学等防控技术，达到有效、经济、安全地防控农作物病虫害，从而减少化学农药用量，保护生态环境，保证农产品无污染，实现农业可持续发展。对农作物病虫害实施绿色防控，是推进"高产、优质、高效、生态、安全"的现代农业建设，转变农业增长方式，提高我国农产品国际竞争力，促进农民收入持续增长的必然要求。

自 2006 年全国植保工作会议提出"公共植保、绿色植保"的理念以来，我国植保工作者积极开拓创新，大力开发农作物病虫害绿色防控技术，建立了一套较为完善的技术体系，并在农业生产中形成了以不同生态区域、不同作物为主线的技术模式。绿色防控技术推广应用范围不断扩大，涉及水稻、小麦、玉米、马铃薯、棉花、大豆、花生、蔬菜、果树、茶树等主要农作物。截至 2016 年，全国农作物病虫害绿色防控覆盖率达到 25.2%，为减少化学农药的使用量、降低农产品的农药残留、保护生态环境做出了积极贡献。但是总的来说，我国的绿色防控技术还处于示范推广阶段，尚未全面实施，绿色防控技术实施的推进速度与农产品质量安全和生态环境安全的迫切需求还有较大差距。

（二）绿色防控的定义

农作物病虫害绿色防控，是指以确保农业生产、农产品质量和农业生态环境安全为目标，以减少化学农药使用量为目的，优先采取农业措施、生态调控、理化诱控、生物防治和科学用药等环境友好、生态兼容型技术和方法，将农作物病虫害等有害生物为害损失控制在允许水平的植保行为。

绿色防控是在生态学理论指导下的农业有害生物综合防治技术的概括，是对有害生物综合治理和我国植保方针的深化和发展。推进农作物病虫害绿色防控，是贯彻绿色植保理念，促进质量兴农、绿色兴农、品牌强农的关键措施。

（三）绿色防控的功能

对农作物病虫害开展绿色防控，通过采取环境友好型技术措施控制病虫为害，能够最大限度地降低现代病虫害防治技术的间接成本，达到生态效益和社会效益的最佳效果。

绿色防控是避免农药残留超标、保障农产品质量安全的重要途径。通过推广农业、物理、生态和生物防治技术，特别是集成应用抗病虫良种和趋利避害栽培技术，以及物理阻断、理化诱杀等非化学防治的农作物病虫害绿色防控技术，有助于减少化学农药的使用量，降低农产品农药残留超标风险，控制农业面源污染，保护农业生态环境安全。

绿色防控是控制重大病虫为害、保障主要农产品供给的迫切需要。

农作物病虫害绿色防控是适应农村经济发展新形势、新变化和发展现代农业的新要求而产生的，大力推进农作物病虫害绿色防控，有助于提高病虫害防控的装备水平和科技含量，有助于进一步明确主攻对象和关键防治技术，提高防治效果，把病虫为害损失控制在较低水平。

绿色防控是降低农产品生产成本、提升种植效益的重要措施。防治农作物病虫害单纯依赖化学农药，不仅防治次数多、成本高，而且还会造成病虫害抗药性增强，进一步加大农药使用量。大规模推广农作物病虫害绿色防控技术，可显著减少化学农药使用量，提高种植效益，促进农民增收。

（四）实施绿色防控的意义

党的十九大提出了绿色发展和乡村振兴战略。推广绿色农业是绿色发展理念和生态文明建设战略等国家顶层设计在农业上的具体实践，有利于推进农业供给侧结构性改革，是适应居民消费质量升级的大趋势，对缓解我国农业发展面临的资源与环境约束以及满足社会高品质农产品需求具有重要现实意义。

实施农作物病虫害绿色防控，是贯彻"预防为主、综合防治"的植保方针和"公共植保、绿色植保"的植保理念的具体行动，是提高病虫防治效益、确保农业增效、农作物增产、农民增收的技术保障，是保障农业生产安全、农产品质量安全、农业生态环境安全的有效途径，是实现绿色农业生产、推进现代农业科技进步和生态文明建设的重大举措，是维护生态平衡、保证人畜健康、促进人与自然和谐发展的重要手段。

（五）绿色防控技术原则

树立"科学植保、公共植保、绿色植保"理念，贯彻"预防为主、综合防治"的植保方针，依靠科技进步，以农业防治为基础，生物防治、物理防治、化学防治和生态调控措施相结合，借助先进植保机械和科学用药、精准施药技术，通过开展植保专业化统防统治的方式，科学有效地控制农作物病虫为害，保障农业生产安全、农产品质量安全和农业生态环境安全。

（六）绿色防控的基本策略

绿色防控以生态学原理为基础，把有害生物作为其所在生态系统的一个组成部分来研究和控制。强调各种防治方法的有机协调，尤其是强调最大限度地利用自然调控因素，尽量减少使用化学农药。强调对有害生物的数量进行调控，不强调彻底消灭，注重生态平衡。

1. 强调农业栽培措施 从土壤、肥料、水、品种和栽培措施等方面入手，培育健康作物。培育健康的土壤生态，良好的土壤生态是农作物健康生长的基础。采用抗性或耐性品种，抵抗病虫害侵染。采用适当的肥料、水以及间作、套种等科学栽培措施，创造不利于病虫生长和发育的条件，从而抑制病虫害的发生与为害。

2. 强调病虫害预防 从生态学入手，改造病菌的滋生地和害虫的虫源地，破坏病虫害的生态循环，减少菌源或虫源量，从而减轻病虫害的发生或流行。根据病害的循环周期以及害虫的生活史，采取物理、生态或化学调控措施，破坏病虫繁殖的关键环节，从而抑制病虫害的发生。

3. 强调发挥农田生态服务功能 发挥农田生态系统的服务功能，其核心是充分保护和利用生物多样性，降低病虫害的发生程度。既要重视土壤和田间的生物多样性保护和利用，同时也要注重田边地头的生物多样性保护和利用。生物多样性的保护与利用不仅可以抑制田间病虫暴发成灾，而且可以在一定程度上抵御外来病虫害的入侵。

4. 强调生物防治的作用 绿色防控注重生物防治技术的采用与发挥生物防治的作用。通过农田生态系统设计和农艺措施的调整来保护与利用自然天敌，从而将病虫害控制在经济损失允许水平以内。也可以通过人工增殖和引进释放天敌，使用生物制剂来防治病虫害。

5. 强调科学用药技术 绿色防控注重采用生态友好型措施，但没有拒绝利用农药开展化学防治，强调科学合理使用农药。通过优先选用生物农药和环境友好型化学农药，采取对症下药、适时用药、精准施药、交替轮换、科学混配等技术，遵守农药安全使用间隔期，推广高效植保机械，开展植保专业化统防统治，最大限度降低农药使用造成的负面影响。

（七）绿色防控的指导思想

1. 加强生态系统的整体观念 农田众多的生物因子和非生物因子等构成一个生态系统，在该生态系统中，各个组成部分是相互依存、相互制约的。任何一个组成部分的变动，都会直接或间接地影响整个生态系统，从而改变病虫害种群的消长，甚至病虫害种类的组成。农作物病虫害等有害生物是农田生态系统中的一个组成部分，防治有害生物必须全面考虑整个生态系统，充分保护和利用农田生态系统的生物多样性。在实施病虫害防治时，涉及的是一个区域内的生物与非生物因子的合理镶嵌和多样化问题，不仅要考虑主要防控对象的发生动态规律和防治关键技术，还要考虑全局，将视野扩大到区域层次或更高层次。

绿色防控针对农业生态系统中所有有害生物，将农作物视为一个能将太阳的能量转化为可收获产品的系统。强调在有害生物发生前的预先处理和防控，通过所有适当的管理技术，如增加自然天敌、种植抗病虫作物、采用耕种管理措施、正确使用农药等限制有害生物的发生，创造有利于农作物生长发育，有利于发挥天敌等有益生物的控制作用，而不利于有害生物发展蔓延的生态环境。注重生态效益和社会效益的有机统一，实现农业生产的可持续发展。

2. 充分发挥自然控制因素的作用 自然控制因素包括生物因子和非生物自然因子。多年来，单纯依靠大量施用化学农药防治病虫害，所带来的害虫和病原菌抗药性增强、生态平衡破坏和环境污染等问题日益严峻。因此，在防治病虫害时，不仅需要考虑防治对象和被保护对象，还需要考虑对环境的保护和资源的再利用。要充分考虑整个生态体系中各物种间的相互关系，利用自然控制作用，减少化学药剂的使用，降低防治成本。当田间寄主或猎物较多时，天敌因生存条件比较充足，就会大量繁殖，种群数量急剧增加，寄主或猎物的种群又因为天敌的控制而逐渐减少，随后，天敌种群数量也会因为食物减少、营养不良而下降。这种相互制约，使生态系统可以自我调节，从而使整个生态系统维持相对稳定。保护和利用有益生物控制病虫害，就是要保持生态平衡，使病虫害得到有效控制。田间常见的有益生物如捕食性、寄生性天敌和微生物等，在一定条件下，可有效地将病虫控制在经济损失允许水平以下。

3. 协调应用各种防治方法 对病虫害的防治方法多种多样，协调应用就是要使其相辅相成。任何一种防治方法都存在一定的优缺点，在通常情况下，使用单一措施不可能长期有效地控制病虫害，需要通过各种防治方法的综合应用，更好地实现病虫害防治目标。但多种防治方法的应用不是单种防治方法的简单相加，也不是越多越好，如果机械叠加会产生矛盾，往往不能达到防治目的，而是要依据具体的目标生态系统，从整体出发，有针对性地选择运用和系统地安排农业、生物、物理、化学等必要的防治措施，从而达到辩证地结合应用，使所采用的防治方法之间取长补短，相辅相成。

4. 注重经济阈值及防治指标 有害生物与有益生物以及其他生物之间的协调进化是自然界中普遍存在的现象，应在满足人类长远物质需求的基础上，实现自然界中大部分生物的和谐共存。绿色防控的最终目的，不是将有害生物彻底消灭，而是将其种群密度维持在一定水平之下，即经济受害允许水平之下。所谓经济受害水平，是指某种有害生物引起经济损失的最低种群密度。经济阈值是为防止有害生物造成的损失达到经济受害水平，需要进行防治的有害生物密度。当有害生物的种群达到经济阈值时就必须进行防治，否则不必采取防治措施。防治指标是指需要采取防治措施以阻止有害生物达到造成经济损失的程度。一般来说，生产上防治任何一种有害生物都应讲究经济效益和经济阈值，即防治费用必须小于或等于因防治而获得的收益。

实践经验告诉我们，即使花费巨大的经济代价，最终还是难以彻底根除有害生物。自然规律要求我们必须正视有害生物的合理存在，设法把有害生物的数量和发生程度控制在较低水平，为天敌提供相互依赖的生存条件，减少农药用量，维护生态平衡。

5. 综合评价经济、社会和生态效益 农作物病虫害绿色防控不仅可以减少病虫为害造成的直接损失，而且由于防控技术对环境友好，对社会、生态环境都有十分明显的效益。对绿色防控技术的评价与其他病虫害防控措施评价一样，主要包括成本和收益两个方面，但如何科学合理地分析和评价绿色防控效益是一项非常困难和复杂的工作。

从投入成本分析，防控技术的使用包含了直接成本和间接成本。直接成本主要反映在农民采用该技术的资金投入上，是农民对病虫害防治决策关注的焦点。间接成本是由防控技术使用的外部效应产生的，主要是指环境和社会成本，如化学农药的大量使用造成了使用者中毒事故、农产品中过量的农药残留、天敌种群和农田自然生态的破坏、生物多样性的降低、土壤和地下水污染等一些环境或社会问题，这些问题均是化学农药使用的环境和社会成本的集中体现。

从防治收益分析，防控技术包括了直接收益和间接收益。直接收益主要指农民采用防控技术后所挽回损失而增加的直接经济收入。间接收益主要是环境效益和社会效益，如减少化学农药的使用而减少了使用者中毒事故，避免了农产品农药残留而提高了农产品品质，增加了天敌种群和生物多样性，改善了农田自然生态环境，等等。

绿色防控的直接成本和经济效益遵循传统的经济学规律，易于测算，而间接成本和社会效益、生态效益没有明晰的界定，在很多情况下只能推测而难于量化。因此，对于实施绿色防控效益评价，要控制追求短期经济效益的评价方法，改变以往单用杀死害虫百分率来评价防治效果的做法，应强调各项防治措施的协调和综合，用生态学、经济学、环境保护学观点来全面评价。

6. 树立可持续发展理念 可持续发展战略最基本的理念，是既要考虑当前发展的需要，又要考虑未来发展的需要，不以牺牲后代人的利益为代价来满足当代人的利益，同时还应追求代内公正，即一部分人的发展不应损害另一部分人的利益。要将绿色防控融入可持续发展和环境保护之中，扩大病虫害绿色防控的生态学尺度，利用各种生态手段，合理应用农业、生物、物理和化学等防治措施，对有害生物进行适当预防和控制，最大限度地发挥自然控制因素的作用，减少化学农药使用，尽可能地降低对作物、人类健康和环境所造成的危害，实现协调防治的整体效果和经济、社会和生态效益最大化。

（八）绿色防控技术体系

绿色防控的目标与发展安全农业的要求相一致，它强调以农业防治为基础，以生态控害为中心，广泛利用以物理、生物、生态为重点的控制手段，禁止使用高毒高残留农药，最大限度减少常规化学农药的使用量。病虫害发生前，综合运用农业、物理、生态和生物等方法，减少或避免病虫害的发生。病虫害发生后，及时使用高效、低毒、低残留农药，精准施药，把握安全间隔期，尽可能减少农药对环境和农产品的污染。防治措施的选择和防治策略的决策，应全面考虑经济效益、社会效益和生态效益，最大限度地确保农业生产安全、农业生态环境安全和农产品质量安全。

经过多年实践，我国农作物病虫害绿色防控通过防治技术的选择和组装配套，已初步形成了包括植物检疫、农业措施、理化诱控、生态调控、生物防治和科学用药等一套主要技术体系。

1. 植物检疫 植物检疫是国家或地区政府，为防止危险性有害生物随植物及其产品的人为引入和传播，保障农林业的安全，促进贸易发展，以法律手段和行政、技术措施强制实施的植保措施。植物检疫是一个综合的管理体系，涉及法律规范、国际贸易、行政管理、技术保障和信息管理等诸多方面，其内容涉及植保中的预防、杜绝或铲除等方面，其特点是从宏观整体上预防一切有害生物（尤其是本区域范围内没有的）的传入、定植与扩展，它通过阻止危险性有害生物的传入和扩散，达到避免植物遭受生物灾害为害的目的。

我国植物检疫分为国内检疫（内检）和国外检疫（外检）。国内检疫是防止国内原有的或新近从国外传入的检疫性有害生物扩展蔓延，将其封锁在一定范围内，并尽可能加以消灭。国外检疫是防止检疫性有害生物传入国内或携带出国。通过对植物及其产品在运输过程中进行检疫检验，发现带有被确定为检疫性有害生物时，即可采取禁止出入境、限制运输、进行消毒除害处理、改变输入植物材料用途等防范措施。一旦检疫性有害生物入侵，则应在未传播扩散前及时铲除。此外，在国内建立无病虫种苗基地，提供无病虫或不带检疫性有害生物的繁殖材料，则是防止有害生物传播的一项根本措施（图1、图2）。

图1 植物检疫

图2 集中销毁

2.**农业措施** 农业措施或称为植物健康技术，是指通过科学的栽培管理技术，培育健壮植物，增强植物抗害、耐害和自身补偿能力，有目的地改变某些因子，从而控制有害生物种群数量，减少或避免有害生物侵染为害的可能性，达到稳产、高产、高效率、低成本之目的的一种植保措施。其最大优点是不需要过多的额外投入，且易与其他措施相配套。

绿色防控就是将病虫害防控工作作为人与自然和谐共生系统的重要组成部分，突出其对高效、生态、安全农业的保障作用。健康的作物是有害生物防治的基础，实现绿色防控首先应遵循栽培健康作物的原则，从培育健康的农作物和良好的农田生态环境入手，使植物生长健壮，并创造有利于天敌的生存繁衍而不利于病虫害发生的生态环境，只有这样才能事半功倍，病虫害的控制才能经济有效。主要做法有改进耕作制度、使用无害种苗、选用抗性良种、加强田间管理和安全收获等。

（1）培育健康土壤环境：培育健康的植物需要健康的土壤，植物健康首先需要土壤健康。良好的土壤管理措施可以改良土壤的墒情，提高作物养分的供给和促进作物根系的发育，从而能增强农作物抵御病虫害的能力，抑制有害生物的发生。不利于农作物生长的土壤环境，则会降低农作物对有害生物的抵抗能力，加重有害生物为害程度。培育健康土壤环境的途径包括：合理耕翻土地保持良好的土壤结构，合理作物轮作（间作、套种）调节土壤微生物种群，必要时进行土壤处理，局部控制不利微生物合理培肥土壤保证良好的土壤肥力等（图3～图6）。

（2）选用抗（耐）性品种：选用具有抗害、耐害特性的作物品种

图3 生物多样性

图4 小麦油菜间作

图5 土壤深翻

图6 小麦宽窄行播种

是栽培健康作物的基础，也是防治作物病虫害最根本、最经济有效的措施。在健康的土壤上种植具有良好抗性的农作物品种，在同样的条件下，能通过抵抗灾害、耐受灾害以及灾后补偿作用，有效减轻病虫害对作物的侵害损失，减少化学农药的使用。作物品种的抗害性是一种遗传特性，抗性品种按抵抗作用对象分类，主要有抗病性品种、抗虫性品种和抗干旱、低温、渍涝、盐碱、倒伏、杂草等不良因素的品种等。由于不同的作物、不同的区域对品种的抗性有不同要求，要根据不同作物种类、不同的播期和针对当地主要病虫害控制对象，因地制宜选用高产、优质抗（耐）性品种，且不同品种要合理布局。

（3）种苗处理：种苗处理技术主要指用物理、化学的方法处理种苗，保护种子和苗木免受病虫害直接为害、间接寄生的措施。常用方法有汰除、晒种、浸种、拌种、包衣、嫁接等。

汰除是利用被害种苗和健壮种苗的形态、大小、相对密度、颜色等方面的差异，精选健壮无病的种苗，包括手选、筛选、风选、水选、色选、机选等。

晒种和浸种是物理方法。晒种是利用阳光照射杀灭病菌、驱除害虫等。浸种主要是用一定温度的水浸泡种苗，利用作物和病虫对高温或低温的耐受程度差异而杀灭病菌虫卵等。广义的晒种和浸种还包括用一些人工特殊光源和配制特定药液处理种苗的技术。

拌种和包衣是使用化学药剂处理种子的方法，广泛应用于各种不同作物种子处理上：一种是在种子生产加工过程中，根据种子使用区域的病虫害种类和品种本身抗性情况，配制特定的种子处理药剂，以种子包衣为主的方式进行处理；另一种是在播种前，根据需要对未包衣的种子或需二次处理的包衣种子进行的药剂拌种处理。

嫁接是一个复合过程，主要是利用砧木的抗性和物理的方式阻断病虫的为害，主要用于果树等多年生作物。

（4）培育壮苗：培育壮苗是通过控制苗期水肥和光照供应、维持合适温湿度、防治病虫等措施，在苗期创造适宜的环境条件，使幼苗根系发达、植株健壮，组织器官生长发育正常、分化协调进行，无病虫为害，增强幼苗抵抗不良环境的能力，为抗病虫、丰产打下良好基础。

培育壮苗包括培育健壮苗木和大田调控作物苗期生长，特别是合理使用植物免疫诱抗剂、植物生长调节剂等，如氨基寡糖素、超敏蛋白、葡聚糖、几丁质、芸薹素、胺鲜酯、抗倒酯、S- 抗素等，可以提高植株对病虫、逆境的抵抗能力，为农作物的健壮生长打下良好的基础（图 7、图 8）。

图 7　抗倒酯

图 8　培育壮苗

（5）平衡施肥：通过测土配方施肥，提供充足的营养，培育健康的农作物，即采集土壤样品，分析化验土壤养分含量，按照农作物对营养元素的需求规律，按时按量施肥增补，为作物健壮生长创造良好的营养条件，特别是要注意有机肥，氮、磷、钾复合肥料及微量元素肥料的平衡施用（图 9）。

图 9　科学施肥

（6）田间管理：搞好田间管理，营造一个良好的作物生长环境，不仅能增强植株的抗病虫、抗逆境的能力，还可以起到恶化病虫害的生存条件、直接杀灭部分菌源及虫体、降低病虫发生基数、减少病虫传播渠道的效果，从而控制或减轻甚至避免病虫为害。田间管理主要包括适期播种、合理密植、中耕除草、适当浇水、秋翻冬灌、清洁田园、人工捕杀等。

作物播种季节，在土壤温度、墒情、农时等条件满足的情况下，适期播种可以保证一播全苗、壮苗，有时为了减轻或避免病虫为害，可适当调整播期，使作物受害敏感期与病虫发生期错开。播种时合理密植，科学确定作物群体密度，增强田间通风透光性，使作物群体健壮、整齐，抑制某些病虫的发生。

作物生长期，精细田间管理，结合农事操作，及时摘去病虫为害的叶片、果实或清除病株、抹杀害虫，中耕除草，铲除田间及周边杂草，消灭病虫中间寄主。加强肥水管理，不偏施氮肥，施用腐熟的有机肥，增施磷钾肥，科学灌水，及时排涝，控制田间湿度，防止作物生长过于嫩绿、贪青晚熟，增强植株对病虫的抵抗能力。

在作物收获后，及时耕翻土壤，消灭遗留在田间的病株残体，将病虫翻入土层深处，冬季灌水，破坏或恶化病虫滋生环境，减少病虫越冬基数（图 10 ~ 图 12）。

图 10　秸秆还田

图 11　节水灌溉

图 12　泡田灭杀水稻二化螟

3. 理化诱控　理化诱控技术主要指物理防治，是利用光线、颜色、气味、热能、电能、声波、温湿度等物理因子及应用人工、器械或动力机具等防治有害生物的植保措施。常用方法有利用害虫的趋光、趋化性等习性，通过布设灯光、色板、昆虫信息素、食物气味剂等诱杀害虫；通过人工或机械捕杀害虫；通过阻隔分离、温度控制、微波辐射等控制病虫害。理化诱控技术见效快，可以起到较好的控虫、防病的作用，常把害虫消灭于为害盛期发生之前，也可作为害虫大量发生时的一种应急措施。但理化诱控多对害虫某个虫态有效，当虫量过大时，只能降低田间虫口基数，防控虫害效果有限，需要采取其他措施来配合控制害虫。主要应用于小麦、玉米、水稻、花生、大豆、棉花、马铃薯、蔬菜、果树、茶叶等多种粮食及经济作物。

（1）灯光诱控：灯光诱控是利用害虫的趋光性特点，通过使用不同光波的灯光以及相应的诱捕装置，控制害虫种群数量的技术。由于许多昆虫对光有趋向性，尤其是对 365 nm 波长的光波趋性极强，多数诱虫灯产品能诱捕杀灭害虫，故俗称为杀虫灯。杀虫灯利用害虫较强的趋光、趋波、趋色、趋化的特性，将光的波长、波段、波频设定在特定范围内，近距离用光、远距离用波，加以诱捕到的害虫本身产生的性信息引诱成虫扑灯，灯外配以高压电网触杀或挡板，使害虫落入灯下的接虫袋或水盆内，达到杀灭害虫的目的。杀虫灯按能量供应方式分为交流电式和太阳能两种类型，按灯光类型分为黑光灯、高压汞灯、频振式诱虫灯、投射式诱虫灯等类型。杀虫灯的特点是应用范围广、杀虫谱广、杀虫效果明显、防治成本低，但也有对靶标害虫不精准的缺点。杀虫灯主要用于防治以鳞翅目、鞘翅目、直翅目、半翅目为主的多种害虫，如棉铃虫、玉米螟、黏虫、斜纹夜蛾、甜菜夜蛾、银纹夜蛾、二点委夜蛾、桃蛀螟、稻飞虱、稻纵卷叶螟、草地螟、卷叶蛾、食心虫、吸果夜蛾、刺蛾、毒蛾、椿象、茶细蛾、茶毛虫、地老虎、金龟子、金针虫等（图 13 ～图 19）。

图13　频振式诱虫灯

图14　太阳能杀虫灯

图15 不同类型的
杀虫灯（1）

图16 不同类型的
杀虫灯（2）

图17 黑光灯

图18 成规模设置杀虫灯（2）

图19 灯光诱杀效果

（2）色板诱控：色板诱控是利用害虫对颜色的趋向性，通过在板上涂抹黏虫胶诱杀害虫。主要有黄色诱虫板、绿色诱虫板、蓝色诱虫板、黄绿蓝系列性色板以及利用性信息素的组合板等。不同种类的害虫对颜色的趋向性不同，如蓟马对蓝色有趋性，蚜虫对黄色、橙色趋性强烈，可选择适宜色板进行诱杀。色板诱控优点是对较小的害虫有较好的控制作用，是对杀虫灯的有效补充；缺点是对有益昆虫有一定的杀伤作用，使用成本较高，在害虫发生初期使用防治效果好。常用色板主要有黄板、蓝板及信息素板，对蚜虫、白粉虱、烟粉虱、蓟马、斑潜蝇、叶蝉等害虫诱杀效果好（图20～图22）。

（3）信息素诱控：昆虫信息素诱控主要是指利用昆虫的性信息素、报警信息素、空间分布信息素、产卵信息素、取食信息素等对害虫进

图 20 黄板诱杀

图 21 蓝板诱杀

图 22 红板诱杀

行引诱、驱避、迷向等，从而控制害虫为害的技术。生产上以人工合成的性信息素为主的性诱剂（性诱芯）最为常见。信息素诱控的特点是对靶标害虫精准，专一性和选择性强，仅对有害的靶标生物起作用，对其他生物无毒副作用。性诱剂的使用多与相应的诱捕器配套，在害虫发生初期使用，一般每个诱捕器可控制 3 ~ 5 亩。诱捕器放置的位置、高度、气流情况会影响诱捕效果，诱捕器放置高度依害虫的飞行高度而异。性诱剂还可用于害虫测报、迷向，操作简单、省时。缺点是性诱剂只引诱雄虫，不好掌握时机，若错过成虫发生期，则防控效果不佳。信息素诱控主要用于水稻、玉米、小麦、大豆、花生、果树、蔬菜等粮食作物和经济作物，防治棉铃虫、斜纹夜蛾、甜菜夜蛾、金纹细蛾、玉米螟、小菜蛾、瓜实蝇、稻螟虫、食心虫、潜叶蛾、实蝇、小麦吸浆虫等害虫（图 23 ~ 图 29）。

图 23 二化螟性诱芯（1）

图 24 二化螟性诱芯（2）

图 25 性诱芯防治蔬菜害虫

图 26 稻螟虫性诱捕器

图 27 金纹细蛾性诱芯

图 28 信息素诱捕器（1）

图 29 信息素诱捕器（2）

（4）食物诱控：食物诱控是通过提取多种植物中的单糖、多糖、植物酸和特定蛋白质等，合成具有吸引和促进害虫取食的物质，以吸引取食活动的方法捕杀害虫，该食物俗称为食诱剂。食诱剂借助于高分子缓释载体在田间持续发挥作用，使用极少量的杀虫剂或专利的物理装置即可达到吸引、杀灭害虫的目的，使用方法有点喷、带施、配合诱集装置使用等。不同种类的害虫对化学气味的趋性不同，如地老虎和棉铃虫对糖蜜、蝼蛄对香甜物质、种蝇对糖醋和葱蒜叶等有明显趋性，可利用食诱剂、糖醋液、毒饵、杨柳枝把等进行诱杀（图30～图34）。食物诱控的特点是能同时诱杀害虫雌雄成虫，对靶标害虫的吸引和杀灭效果好，对天敌益虫的毒副作用小，不易产生抗药性、无残留，对绝大部分鳞翅目害虫均有理想的防治效果。主要用于果树、蔬菜、花生、大豆及部分粮食作物等，可诱杀玉米螟、棉铃虫、银纹夜蛾、地老虎、金龟子、蝼蛄、柑橘大食蝇、柑橘小食蝇、瓜食蝇、天牛等害虫。

图30 生物食诱剂

图31 食诱剂诱杀害虫

图32 糖醋液诱杀害虫

图33　枝把诱杀（1）　　　　图34　枝把诱杀（2）

（5）隔离驱避技术：隔离驱避技术是利用物理隔离、颜色或气味负趋性的原理，以达到降低作物上虫口密度的目的。主要种类有防虫网、银灰膜、驱避剂、植物驱避害虫、果实套袋、茎干涂石灰等。驱避技术的特点是防治效果好、无污染，但成本较高。主要应用在水稻、果树、蔬菜、烟草、棉花等作物上（图35～图36）。

图35　防虫网　　　　　　　图36　果实套袋

防虫网的作用主要为物理隔离，通过一种新型农用覆盖材料把作物遮罩起来，将病虫拒于栽培网室之外，可控制害虫以及其传播病毒病的为害。防虫网除具有遮光、调节温湿度、防霜冻以及抗强风暴雨的优点外，还能防虫防病，保护天敌昆虫，大幅度减少农药使用，是一种简便、科学、有效的预防病虫措施。

银灰色地膜是在基础树脂中添加银灰色母粒料吹制而成，或采用喷涂工艺在地膜表面复合一层铝箔，使之成为银灰色或带有银灰色条带的地膜。银灰膜除具有增温保墒的作用外，对蚜虫还有驱避作用。由于蚜虫对银灰色有忌避性，用银灰色反光塑料薄膜做大棚覆盖、围边材料、地膜，利用银灰地膜的反光作用，人为地改变了蚜虫喜好的叶子背面的生存环境，抑制了蚜虫的发生，同时，银灰膜可以提高作物中下部的光合作用，对果实着色和提高含糖量有帮助。

利用昆虫的生物趋避性，在需保护的农作物田内外种植驱避植物，其次生性代谢产物对害虫有驱避作用，可减少害虫的发生量，如：香茅草可以驱除柑橘吸果夜蛾，除虫菊、烟草、薄荷、大蒜可驱避蚜虫，薄荷可驱避菜粉蝶等。

保护地设施栽培可调控温湿度，创造不利于病虫的适生条件。田间及周边种植驱避、诱集作物带，保护利用天敌或集中诱杀害虫，常用的驱避或引诱植物有蒲公英、鱼腥草、三叶草、薰衣草、薄荷、大葱、韭菜、洋葱、菠菜、番茄、花椒、一串红、除虫菊、金盏花、茉莉、天竺葵以及红花、芝麻、玉米、蓖麻、香根草等（图37）。

图37　稻田周边种植香根草

（6）太阳能土壤消毒：在夏季高温休闲季节，地面或棚室通过较长时间覆盖塑膜密闭来提高土壤或室内温度，可杀死土壤中或棚室内的害虫和病原微生物。在作物生长期，高温闷棚可抑制一些不耐高温的病虫发展。随着太阳能土壤消毒技术不断发展完善，与其他措施结合，形成了各种形式的适合防治不同土传病虫害的太阳能土壤消毒技术。主要应用于保护地作物及设施农业。另外，还可用原子能、超声波、紫外线和红外线等生物物理学防治病虫害。

4. 生态调控　生态调控技术主要采用人工调节环境、食物链加环增效等方法，协调农田内作物与有害生物之间、有益生物与有害生物之间、环境与生物之间的相互关系，达到灭害保益、提高效益、保护环境的目的。生态调控的特点是充分利用生态学原理，以增加农田生物的多样性和生态系统的复杂性，从而提高系统的稳定性。

利用生物多样性，可调整农田生态中病虫种群结构，增加农田生态系统的稳定性，创造有利于有益生物的种群稳定和增长的环境。还可调整作物受光条件和田间小气候，设置病虫害传播障碍，既可有效抑制有害生物的暴发成灾，又可抵御外来有害生物的入侵，从而减轻农作物病虫害压力和提高作物产量。

常用的途径有：采用间作、套种以及立体栽培等措施，提高作物多样性。推广不同遗传背景的品种间作，提高作物品种的多样性。植物与动物共育生产，提高农田生态系统的多样性。果园林间种植牧草，养鸡、养鸭增加生态系统的复杂性（图38~图48）。

图38　油菜与小麦间作

图39　大豆田间点种高粱

图40　红薯与桃树套种

图41　大豆与玉米间作

图42 果园种草

图43 辣椒与玉米间作

图44 大豆与林苗套种

图45 辣椒与大豆间作

图46 路旁点种大豆

图47 果园养鸭

图 48　稻田养鸭

5. 生物防治　天敌是指自然界中某种生物专门捕食或侵害另一种生物，前者是后者的天敌，天敌是生物链中不可缺少的一部分。根据生物群落种间关系，分为捕食关系和寄生关系。农作物病虫害和其天敌被习惯称为有害生物和有益生物，天敌包括天敌昆虫、线虫、真菌、细菌、病毒、鸟类、爬行动物、两栖动物、哺乳动物等。

生物防治是指利用有益生物及其代谢产物控制有害生物种群数量的一种防治技术，根据生物之间的相互关系，人为增加有益生物的种群数量，从而取得控制有害生物的效果。生物防治的内涵广泛，一般常指利用天敌来控制有害生物种群的控害行为，即采用以虫治虫、以螨治螨、以虫除草等防治有害生物的措施，广义的生物防治还包括生物农药防治。

生物防治根据生物间作用方式，可以分为捕食性天敌、寄生性天敌、自然天敌保护利用和天敌繁育引进等。生物防治优点是自然资源丰富、防治效率高、具有持久性、对生态环境安全、无污染残留、病虫不会产生抗性等，但防治效果缓慢、绝对防效低、受环境影响大、生产成本高、应用技术要求高等。生物防治的途径有保护有益生物、引进有益生物、有益生物的人工繁殖与释放、生物产物的开发利用等。主要应用于小麦、玉米、水稻、蔬菜、果树、茶叶、棉花、花生等作物。

（1）寄生性天敌：寄生性天敌昆虫多以幼虫体寄生寄主，随着天敌幼虫的发育完成，寄主缓慢地死亡和毁灭。寄生性天敌按其寄生部位可分为内寄生和外寄生，按被寄生的寄主发育期可分为卵寄生、幼虫寄生、蛹寄生和成虫寄生。常用于生物防治的寄生性天敌昆虫有姬蜂、蚜茧蜂、赤眼蜂、丽蚜小蜂、平腹小蜂等，主要应用于小麦、玉米、水稻、果树、蔬菜、棉花、烟草等作物（图49 ～图52）。

图49 棉铃虫被病原细菌寄生

（2）捕食性天敌：捕食性天敌昆虫主要以幼虫或成虫主动捕食大量害虫，从而达到消灭害虫、控制害虫种群数量、减轻为害的效果。常用于生物防治的捕食性天敌昆虫有瓢虫、食蚜蝇、食虫蝽、步甲、捕食虻等，还有其他捕食性天敌或有益生物，如蜘蛛、捕食螨、两栖类、爬行类、鸟类、鱼类、小型哺乳动物等，主要应用于小麦、玉米、水稻、蔬菜、果树、棉花、茶叶等作物（图53 ～图63）。

（3）保护利用自然天敌：生态系统的构成中，没有天敌和害虫之分，它们都是生态链中的一个环节。当人们为了某种目的，从生态系

图51 人工释放赤眼蜂防治玉米螟

图50 蚜虫被蚜茧蜂寄生

图52 玉米螟卵被赤眼蜂寄生

图 53　人工释放瓢虫卵卡

图 54　瓢虫成虫

图 55　人工释放捕食螨防治苹果山楂叶螨

图 56　食蚜蝇幼虫（1）

图 57　食蚜蝇幼虫（2）

图 58　烟盲蝽幼虫

图59 步甲成虫

图60 捕食蝽成虫

图61 螳螂成虫

图62 草蛉卵

图63 蜘蛛捕食

统的某一环节获取其经济价值时，就会对生态系统的平衡产生影响。从经济角度讲，就有了害虫和天敌（益虫）之分。如果生态处于平衡状态，害虫就不会泛滥，也不需防治，当天敌和害虫的平衡被破坏，为了获取作物的经济价值，就要进行防治。而化学农药的不合理使用，在杀死害虫的同时，也杀死了大量天敌，失去天敌控制的害虫就会严重发生。

通过营造良好生态环境、保护天敌的栖息场所，为天敌提供充足的替代食物，采用对有益生物影响最小的防控技术，可有效地维持和增加农田生态系统中有益生物的种群数量，从而保持生态平衡，达到自然控制病虫为害的目的。常用的途径有：采用选择性诱杀害虫、局部施药和保护性施药等对天敌种群影响最小的技术控制病虫害，避免大面积破坏有益生物的种群。采用在冬闲田种植油菜、苜蓿、紫云英等覆盖作物的保护性耕作措施，为天敌昆虫提供越冬场所。在作物田间或周边种植苜蓿、芝麻、油菜、花草等作物带，为有益生物建立繁衍走廊、避难场所和补充营养的食源（图64～图66）。

图64　苜蓿与棉花套种

图65　田边点种芝麻

图66　路旁种植花草

（4）繁育引进天敌：对一些常发性害虫，单靠天敌本身的自然增殖很难控制其为害，应采取人工繁殖和引进释放的方式，以补充田间天敌种群数量的不足。同时，还可以从国内外引进、移植本地没有或形不成种群的优良天敌品种，使之在本地定居增殖。常见的有人工繁殖和释放赤眼蜂、蚜茧蜂、丽蚜小蜂、平腹小蜂、金小蜂、瓢虫、草蛉、捕食螨、深点食螨瓢虫及农田蜘蛛等天敌（图67～图69）。

图67　释放赤眼蜂

图68　释放瓢虫

图69　释放捕食螨

（5）生物工程防治：生物工程防治主要指转基因育种，通过基因定向转移实现基因重组，使作物具备抗病虫害、抗除草剂、高产、优质等特定性状。其特点是防治效果高、对非靶标生物安全、附着效果小、残留量小、副作用小、可用资源丰富等。主要应用于棉花、玉米、大豆等作物（图70）。

图70　转基因抗虫棉花

6.科学用药 科学用药包括使用生物农药防治、化学农药防控和实施植保专业化统防统治。

（1）生物农药防治：生物农药是指利用生物活体或其代谢产物对农业有害生物进行杀灭或控制的一类非化学合成的农药制剂，或者是通过仿生合成具有特异作用的农药制剂。生物农药尚无十分准确的统一界定，随着科学技术的发展，其范畴在不断扩大。在我国农业生产实际应用中，生物农药一般主要泛指可以进行工业化生产的植物源农药、微生物源农药、生物化学农药等。

生物农药防治是指利用生物农药进行防控有害生物的发生和为害的方法。生物农药的优点是来源于自然界天然生成的有效成分，与人工合成的化学农药相比，具有可完全降解、无残留污染的优点，但生物农药的施用技术度高，不当保存和施用时期、施用方法都可能会制约生物农药的药效。另外，生物农药生产成本高，货价期短、速效性差，通常在病虫害发生早期，及时正确施用才可以取得较好的防治效果。主要用于果蔬、茶叶、水稻、玉米、小麦、花生、大豆等经济及粮食作物上病虫害的防治（图71）。

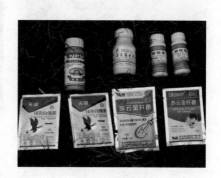

图71 生物农药

1）植物源农药。植物源农药指从一些特定的植物中提取的具有杀虫、灭菌活性的成分或植物本身按活性结构合成的化合物及衍生物，经过一定的工艺制成的农药。植物源农药的有效成分复杂，通常不是单一的化合物，而是植物有机体的全部或一部分有机物质，一般包含在生物碱、糖苷、有毒蛋白质、挥发性香精油、单宁、树脂、有机酸、酯、酮、萜等各类物质中。植物源农药可分为植物毒素、植物内源激素、植物源昆虫激素、拒食剂、引诱剂、驱避剂、绝育剂、增效剂、植物防卫素、植物精油等。植物源农药来源于自然，能在自然界中降解，对环境及农产品、人畜相对安全，对天敌伤害小，害虫不易产生抗性，具有低毒、低残留的优点，但不易合成或合成成本高，药效发挥慢，采集加工限制因素多，不易标准化。植物源农药一般为水剂，受阳光或微生物的作用活性成分易分解。常用的植物源农药有效成分主要有大蒜素、乙蒜素、印楝素、鱼藤酮、除虫菊素、蛇床子素、藜芦碱、烟碱、小檗碱、苦参碱、核苷酸、苦皮藤素、丁子香酚等。

2）微生物源农药。微生物源农药指利用微生物或其代谢产物来防治农作物有害生物及促进作物生长的一类农药。它包括以菌治虫、以菌治菌、以菌除草、病毒治虫等。微生物农药主要有活体微生物农药和农用抗生素两大类。其主要特点是选择性强，防效较持久、稳定，对人畜、农作物和自然环境安全，不伤害天敌，不易产生抗性。但微生物农药剂型单一、生产工艺落后，产品的理化指标和有效成分含量不稳定。常用的微生物农药主要有苏云金杆菌、蜡质芽孢杆菌、枯草芽孢杆菌、淡紫拟青霉、多黏类芽孢杆菌、木霉菌、荧光假单胞杆菌、短稳杆菌、白僵菌、绿僵菌、颗粒体病毒、核型多角体病毒、质型多角体病毒、蟑螂病毒、微孢子虫、线虫等。

3）生物化学农药。生物化学农药指通过调节或干扰害虫或植物的行为，达到控制害虫目的的一类农药。其主要特点是用量少、活性高、环境友好。生物化学农药常分为生物化学类和农用抗生素类两种。常用生物化学类包括昆虫信息素、昆虫生长激素、植物生长调节剂、昆虫生长调节剂等，主要有油菜素内酯、赤霉酸、吲哚乙酸、乙烯利、诱抗素、三十烷醇、灭幼脲、杀铃脲、虫酰肼、腐殖酸、诱虫烯、性诱剂等，抗生素类主要有阿维菌素、甲氨基阿维菌素苯甲酸盐、井冈霉素、嘧啶核苷类抗生素、春雷霉素、申嗪霉素、多抗霉素、多杀霉素、硫酸链霉素、宁南霉素、氨基寡糖素等。

（2）化学农药防控：化学农药防控是指利用化学药剂防治有害生物的一种防治技术。主要是通过开发适宜的农药品种，并加工成适当的剂型，利用适当的机械和方法处理作物植株、种子、土壤等，直接杀死有害生物或阻止其侵染为害。农药剂型不同，使用方法也不同，常用方法有喷雾、喷粉、撒施、冲施（泼浇）、灌根（喷淋）、拌种（包衣）、浸种（蘸根）、毒土、毒饵、熏蒸、涂抹、滴心、输液等（图

72 ~ 图 80)。

图 72　种子包衣拌种

图 73　BT 颗粒剂去心防治玉米螟

图 74　土壤处理

图 75　喷雾防治

图 76　地面机械施药

图 77　药液灌根

图 78　撒施毒土

图 79　烟雾机防治

图 80　林木输液

化学农药是一类特殊的化学品，常指化学合成农药（有时也将矿物源农药归类于化学农药），根据其作用可分为杀虫剂、杀菌剂、杀螨剂、杀线虫剂、除草剂、灭鼠剂、植物生长调节剂等不同种类。化学农药防治农业病虫等有害生物，其优点是使用方法简便、起效快、效果好、种类多、成本低、受地域性或季节性限制少，可满足各种防治需要。但不合理使用化学农药带来的负面效应明显，在杀死有害生物的同时，易杀死有益生物，导致有害生物再猖獗，化学农药容易引起人畜中毒和农作物药害，易使病虫产生抗药性，农药残留造成环境污染等（图81、图82）。

化学防治是当前国内外广泛应用的防治措施，在病虫害等有害生物防治中占有重要地位，化学农药作为防控病虫害的重要手段，也是实施绿色防控必不可少的技术措施。在绿色防控中，利用化学农药防控有害生物，既要充分发挥其在农业生产中的保护作用，又要尽量减少和防止出现副作用。化学农药对环境残留为害是不可避免的，但可以通过科学合理使用化学农药加以控制，确保操作人员安全、作物安全、农产品消费者安全、环境与其他非靶标生物的安全，将农药的残留影响降到环境允许的最低限度。

1）优先使用生物农药或环境友好型农药。绿色防控强调尽量使用农业措施、物理以及生态措施来减少农药的使用，但是在必须使用农药时，一定要优先使用生物农药及安全、高效、低毒、低残留的环境友好型农药的新品种、新剂型、新制剂。

图81 作物药害

图82 农药包装废弃物

2）对症施药。在使用农药时，必须先了解农药的性能和防治对象的特点。病虫害等有害生物的种类繁多，不同的有害生物发生时期、为害部位、防治指标、使用药剂、防控技术等均不相同。农药的品种及产品类型也很多，不同种类的农药，防治对象和使用范围、施用剂量、使用方法等也不相同，即使同一种药剂，由于制剂类型、规格不同，使用方法、施用剂量也不一样。应针对需要防治的对象，尽量选用最合适、最有效、对天敌杀伤力最小的农药品种和使用方法。

3）适期用药。化学防治的过早或过迟施药，都可能造成防治效果不理想，起不到保护作物免受病虫为害的作用。在防治时，要根据田间调查结果，在病虫害达到防治指标后进行施药防治，未达到防治指标的田块暂不必进行防治。在施药时，要根据有害生物发生规律、作物生育期和农药特性，以及考虑田间天敌状况，尽可能避开天敌对农药的敏感时期用药，选择保护性的施药方式，既能消灭病虫害又能保护天敌。

4）有效低量无污染。化学农药的防治效果不是药剂的使用量越多越好，也不是药剂的浓度越大越好，随意增加农药的用量、浓度和使用次数，不仅增加成本而且还容易造成药害，加重农产品和环境的污染，还会造成病虫的抗药性。严格掌握施药剂量、时间、次数和方法，按照农药标签推荐的用量与范围使用，药液的浓度、施药面积准确，施药均匀细致，以充分发挥药剂的效能。根据病虫害发生规律适当选择施药时间，根据药剂残效期和气候条件确定喷药次数，根据病虫害发生规律、为害部位、产品说明选择施药方法。废弃的农药包装必须统一集中处理，切忌乱扔于田间地头，以免造成环境污染与人畜中毒。

5）交替轮换用药。长期施用一种或相同类型的农药品种防治某种病虫害，易使该病有害生物产生抗（耐）药性，降低防治效果。防治相同的病虫害要交替轮换使用几种不同作用机制、不同类型的农药，防止病虫害对药剂产生抗（耐）性。

6）严格按安全间隔期用药。农药使用安全间隔期是指最后一次施药至放牧、采收、使用、消耗作物前的时期，自施药后到残留量降到最大允许残留量所需间隔时间。因农药特性、降解速度不同，不同农药或同一种农药施用在不同作物上的安全间隔期也有所不同。绿色防控的主要目标就是要避免农药残留超标，保障农产品质量安全。在使用农药时，一定要看清农药标签标明的使用安全间隔期和每季最多用药次数，不得随意增加施药次数和施药量，在农药使用安全间隔期过后再采收，以防止农产品中农药残留超标（图83）。

图83　农药标签上标注的使用安全间隔期

7）合理混用。农药的合理混用，可以提高防治效果，延缓病虫产生抗药性，减少用药量，减少施药次数，从而降低劳动成本。如果混配不合理，轻则药效下降，重则产生药害。混用农药有一定的原则要求，选用不同毒杀机制、不同作用方式、不同类型的农药混用，选择作用于不同虫态、不同防控对象的农药混用，将具有不同时效性的农药混用，将农药与增效剂、叶面肥等混用。混用的农药种类原则上不宜超过3种，而且，酸碱性不同的农药不能混用，具有交互抗性的农药不能混用，生物农药与杀菌剂不能混用。农药混用必须确保药剂混合后，有效成分间不发生化学变化，不改变药剂的物理性状，不能出现浮油、絮结、沉淀、变色或发热、气泡等现象，不能增加对人畜的毒性和作物的伤害，能增效或能增加防治对象。配制混用药液时，要按照药剂溶于水由难到易的先后次序加入水中，如微肥、水溶肥、可湿性粉剂、水分散粒剂、悬浮剂、微乳剂、水乳剂、水剂、乳油，最好采用二次稀释的配药方法，每加入一种即充分搅拌混匀，然后再加入下一种。无论混配什么药剂，药液都要现配现用，不宜久放或贮存。

（3）实施植保专业化统防统治：植保专业化统防统治是新时期农作物病虫害防治方式和方法的一种创新，它是通过培育具备一定植保专业技术条件的服务组织，采用现代装备和技术，开展社会化、规模化、集约化的农作物病虫害防治服务，旨在提高病虫害防治的效果、效率和效益。植保专业化统防统治技术集成度高、装备比较先进，实行农药统购、统供、统配和统施，规范田间作业行为，实现信息化管理。与传统防治方式相比，专业化统防统治具有防控效果好、作业效率高、农药利用率高、生产安全性高、劳动强度低、防治成本低等优势。

发展植保专业化统防统治，是适应病虫害等有害生物发生规律、有效解决农民防病治虫难的必然要求，是提高重大病虫防控效果、控制病虫害暴发成灾，保障农业生产安全的关键措施，是降低农药使用风险、保障农产品质量安全和农业生态环境安全的有效途径，是提高农业组织化程度、转变农业生产经营方式的重要举措。植保专业化统防统治作为新型服务业，既是植保公共服务体系向基层的有效延伸，也是提高病虫害防控组织化程度的有效载体，有利于促进传统的分散防治方式向规模化和集约化统防统治转变。

在发展绿色农业、有机农业、精准农业、数字农业技术的新形势下，依靠科技进步，依托植保专业化服务组织、新型农业经营主体，利用植保无人机、大型自走式喷杆喷雾机等先进植保机械，集中连片整体推进农作物病虫害植保专业化统防统治，大力推广高效低毒低残留农药、新剂型、新助剂和生物农药以及智能高效施药机械，加快转变病虫害防控方式，构建资源节约型、环境友好型病虫害可持续治理技术体系，做到精准施药，实现农药减量控害（图84、图85）。

图84　统防统治

图85　植保专业化统防统治作业

第二部分　玉米病害田间识别与绿色防控

一、玉米弯孢霉叶斑病

分布与为害

玉米弯孢霉叶斑病广泛分布于我国华北地区玉米产区，是玉米主要叶部病害之一。该病主要发生在玉米生长中后期，抽雄穗后病害迅速扩展蔓延，严重时造成叶片枯死，导致产量损失，重病田可减产 30% 以上（图1）。

图1　大田为害状

形态特征

玉米弯孢霉叶斑病主要为害叶片，也能侵染叶鞘和苞叶。发病初期，叶片上出现水渍状褪绿斑点（图2），后斑点逐渐扩大成圆形或椭圆形。病斑大小一般为（1~2）mm×2mm。感病品种上病斑可达（4~5）mm×（5~7）mm，且常连接成片引起叶片枯死。病斑中心枯白

图2　水渍状褪绿斑点

色，周围红褐色（图3），感病品种外缘具褪绿色或淡黄色晕环（图4）。在潮湿的条件下，病斑正反两面均可产生灰黑色霉状物。

图3　中心枯白色，周围红褐色

图4　外缘具淡黄色晕环病斑

发生规律

玉米弯孢霉叶斑病病菌以菌丝体或分生孢子在病残体上越冬，遗落于田间的病叶和秸秆是主要的初侵染源。病菌分生孢子最适萌发温度为 30 ~ 32℃，最适的湿度为超饱和湿度，相对湿度低于90%则很少萌发或不萌发。不同品种之间病情差别较大。玉米苗期对该病的抗性高于成株期，苗期少见发生，9 ~ 13叶期易感染该病，抽雄穗后是该病发生流行的高峰期。7 ~ 8月温度、相对湿度、降水量、连续降水日数与该病的发生时期、发生为害程度密切相关。高温、高湿、连续降水，利于该病的快速流行。玉米种植过密、偏施氮肥、管理粗放、地势低洼积水和连作的地块发病重。

绿色防控技术

1. 农业措施

（1）选择抗耐病品种。抗病育种是防治玉米弯孢霉叶斑病经济有效的措施之一。

（2）轮作换茬和清除田间病茬，减少菌源。玉米与豆类、蔬菜等作物轮作倒茬；玉米收获后，及时清除病残体和枯叶，集中深埋，若进行秸秆直接还田（图5 ~图7），则应深耕、深翻（图8、图9），减少初侵染菌源。

图5 玉米收获附带粉碎

图6 玉米秸秆还田

图7 粉碎的玉米秸秆

图8 深耕

图9 深翻

图10 覆膜早播

（3）加强栽培管理，培育壮苗，增强植株抗病能力。适当早播可避病（图10）。推广配方施肥技术，施足基肥、增施磷钾肥，适当补充锌、镁、钙等微肥，提倡施用酵素菌沤制的堆肥或充分腐熟的有机肥（图11），杜绝施用玉米秸秆堆沤肥料；及时合理追肥（图12），严格控制拔节肥，适当增施孕穗肥，适度施用保粒肥，以防后期脱肥，上述措施能使玉米发育健壮、快速，明显提高植株抗病能力。合理密植和间作套种（图13、图14），雨后及时排除田间积水（图15、图16），创造有利于玉米生长发育的田间生态环境，可以提高植株抗病力，减轻发病程度。

图11 充分沤制的堆肥

图12 苗期追肥

图13 玉米大豆间作

图14 玉米与辣椒间作

图15 排除积水（1）

图16 排除积水（2）

2. 生物防治　春雷霉素、链霉菌对玉米弯孢霉菌丝生长有较强的抑制作用。1% 苦皮藤素乳油与 12.5% 烯唑醇可湿性粉剂按 3 : 7 的混配组合对玉米弯孢霉菌丝生长有较强的抑制作用。

3. 科学用药　当田间病株率达到 10% 时，可选用 12.5% 烯唑醇可湿性粉剂，或 50% 异菌脲可湿性粉剂，或 75% 百菌清可湿性粉剂，或 50% 多菌灵可湿性粉剂，或 70% 甲基硫菌灵可湿性粉剂，或 70% 代森锰锌可湿性粉剂，或 80% 福美双·福美锌可湿性粉剂等 500 倍液进行喷雾防治，间隔 5 ~ 7 天喷 1 次，连续用药 2 ~ 3 次。

二、 玉米褐斑病

分布与为害

玉米褐斑病在全国各玉米产区均有发生,其中在河北、山东、河南、安徽、江苏等省为害较重。该病主要发生在玉米生长中后期,一般对产量影响不显著,但在一些感病品种上该病发生严重,常导致玉米前期病叶快速干枯,造成产量损失（图1）。

图1 大田为害状

形态特征

玉米褐斑病主要发生在玉米叶片、叶鞘及茎秆上。病菌的初次侵染发生在小喇叭口期,在叶片上常见与叶片主脉相垂直的带状褪绿感病区,对应的主脉上生褐色隆起斑点,内有大量黄褐色粉状物,是病菌的休眠孢子囊（图2）；叶片上病斑初期为水浸状小点,逐渐变为浅黄色,呈圆形或椭圆形,直径 1～2mm（图3）；在丰叶叶脉上病斑较大,深褐色（图4）；由于病斑密布叶片,常导致叶片干枯（图5）。茎秆（图6）和果穗下方叶鞘上病斑出现较晚,为褐色、红褐色或深褐色,病斑较大,有时相连成不规则的大块斑（图7、图8）。发病后期病斑表皮破裂,散出黄褐色粉末（病原菌的休眠孢子囊）,病叶局部散裂,叶脉和维管束残存如丝状。

图2 叶片上带状褪绿感病区

图 3　初期水浸状病斑

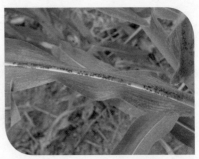

图 4　主叶脉褐色病斑

图 5　造成叶片干枯

图 6　为害茎秆

图 7　为害叶鞘形成深褐色病斑，相连成不规则大斑

图 8　为害叶鞘形成红褐色病斑

发生规律

玉米褐斑病病菌以休眠孢子囊在土壤或病残体中越冬，翌年病菌靠气流传播到玉米植株上，遇到合适条件，休眠孢子囊萌发，囊盖打开，释放出大量的游动孢子，游动孢子在玉米叶片表面上的水滴中游动，并形成侵染丝，侵害玉米的幼嫩组织。夏玉米区一般6月中旬至7月上旬，遇阴雨天数多、降水量大时易感病；7～8月若温度高、湿度大，阴雨天较多时，利于该病发展蔓延。在土壤瘠薄的地块，玉米叶色发黄，病害发生严重；在土壤肥力较高的地块，玉米健壮，叶色深绿，病害较轻甚至不发病。一般在玉米8～12片叶时易发病，12片叶以后一般不会再发生此病害。品种间发病程度差异较大。

绿色防控技术

1. 农业措施

（1）选种抗耐病品种。生产上应以种植抗（耐）病性强的品种为主。

（2）加强栽培管理，培育壮苗，增强植株抗病能力。适期早播；合理密植，大穗品种亩种植3 500株左右，耐密品种不超过5 000株；施足基肥，适时追肥，提倡施用酵素菌沤制的堆肥或充分腐熟的有机肥（图9），一般应在4～5片叶期追施苗肥（图10），每亩可追施尿素（或氮磷钾复合肥）10～15kg；及时中耕锄草培土（图11），摘除底部2～3片叶，提高田间通透性，及时排出田间积水，降低田间湿度，促进植株健壮生长，提高抗病能力。

（3）合理轮作和清除田间病茬，减少菌源。有条件的地区，可实行3年以上玉米与豆类、花生等作物的轮作；玉米收获后，彻底清除病残体，并深翻土壤（图12），促使带菌秸秆腐烂，减少翌年的侵染菌源。

2. 科学用药

在玉米4～5片叶期，用80%代森锰锌可湿性粉剂，或25%三唑酮可湿性粉剂1 500倍液叶面喷雾，可预防该病的发生；发病时，可用80%代森锰锌可湿性粉剂1 000～1 500倍液，或50%异菌脲可湿性粉剂1 000～1 500倍液，或12.5%烯唑醇可湿性粉剂

图9　充分腐熟的有机肥

图10　玉米追肥

图11　中耕除草

图12　土地深翻

1 000～1 500倍液，或50%多菌灵可湿性粉剂500倍液喷雾。可在药液中适当加入磷酸二氢钾、磷酸二铵水溶液等叶面肥，促进玉米健壮，提高玉米抗病能力。多雨年份应间隔5～7天喷1次药，连喷2～3次，喷后6小时内遇降水应在雨后补喷。

三、　玉米大斑病

分布与为害

　　玉米大斑病属于气流传播病害，在我国分布广泛，在东北、华北北部、西南地区等气候冷凉的玉米产区发病较重。发病严重的植株叶片上产生大量病斑，影响光合作用，造成籽粒灌浆不足，粒重降低而导致产量损失。一般发生年份可造成减产 5% 左右，发生严重年份，感病品种造成的减产可达 20% 以上（图 1）。

图 1　田间为害状

形态特征

　　玉米大斑病主要为害叶片，严重时也为害叶鞘和苞叶。植株下部叶片先发病，然后向上扩展。病斑长梭形，呈灰褐色或黄褐色，长 5 ~ 10cm，宽 1cm 左右（图 2、图 3），有的病斑更大，或几个病斑相连成大的不规则形枯斑，严重时叶片枯焦（图 4）。发生在感病品种上，先出现水渍状斑，很快发展为灰绿色的小斑点，病斑沿叶脉迅速扩展并不受叶脉限制，形成长梭形、中央灰褐色、边缘没有典型变色区域的大型病斑（图 5）。多雨潮湿天气，病斑上可密生由病原孢子组成的灰黑色霉层（图 6）。发生在抗病品种上，病斑沿叶脉扩展，表现为褐色坏死条纹，周围有浅黄色或淡褐色褪绿圈（图 7），不产生或极少产生孢子。

图2 早期病斑

图3 长梭形病斑

图4 多个病斑相连呈不规则焦枯状

图5 感病品种病斑：边缘无变色区域

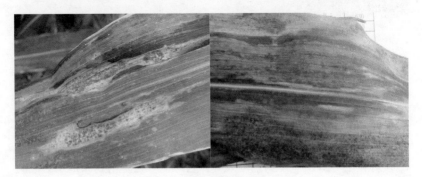

图6 病斑上灰黑色霉层

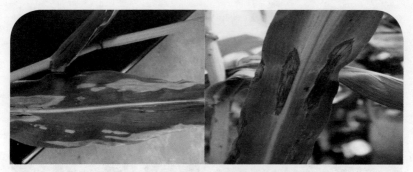

图 7 抗病品种病斑：周围浅黄色褪绿圈

发生规律

玉米大斑病病菌以其休眠菌丝体或分生孢子在病残体内越冬，成为翌年发病的初侵染源。玉米生长季节，越冬菌源产生孢子，随雨水飞溅或气流传播到玉米叶片上，遇适宜温度、湿度萌发入侵；经10～14天，便可产生大量分生孢子。以后，分生孢子随风雨传播，重复侵染，造成病害流行。夏玉米7月中旬田间始见病斑。

该病的发病适温为20～25℃，28℃以上的温度对病害有抑制作用；发病适宜的相对湿度在90%以上。因此，在7～8月，温度偏低、多雨高湿、日照不足时，有利于病害的发生流行。北方6～8月气温大多适于发病，降水量是发病轻重的决定因素。

玉米播种过晚、出穗后氮肥不足、玉米连作、栽培过密、地势低洼，均有利于病害的发生流行。

绿色防控技术

1.农业措施

（1）选种抗耐病品种，注意品种的合理搭配与轮换，避免品种单一化。

（2）实行轮作倒茬，避免玉米连作，清除病残株及田边、村边的玉米秸秆，秋季深翻土壤（图8），减少菌源。

（3）加强栽培管理。施足基肥，增施磷、钾肥，生长中期追施氮肥，保证后期不脱肥，提高玉米植株抗病能力；与大豆、花生、甘薯等矮秆作物间作（图9），宽窄行种植（图10），及时中耕除草（图11），改善玉米田的通风条件；合理灌溉（图12），注意田间排水。

图8　秋季深翻土壤

图9　玉米花生间作

图10　宽窄行种植

图11　中耕除草

图12　合理灌溉

2. 生物防治　在心叶末期到抽雄期或发病初期，每亩喷洒 200 亿芽孢 /mL 枯草芽孢杆菌可分散油悬浮剂 70 ~ 80mL，或用农用抗生素 120 水剂 200 倍液，隔 10 天防一次，连续防治 2 ~ 3 次。

3. 科学用药　在玉米抽雄前后或发病初期，每亩用 18.7% 丙环·嘧菌酯悬乳剂 50 ~ 75g，或 70% 丙森锌可湿性粉剂 100 ~ 150g，或 45% 代森铵水剂 75 ~ 100g，或 30% 吡唑醚菌酯悬浮剂 30 ~ 40mL，或 30% 肟菌·戊唑醇悬浮剂 35 ~ 45mL，加水 50kg 喷雾，隔 7 ~ 10 天喷药 1 次，共防治 2 ~ 3 次。

四、 玉米小斑病

分布与为害

　　玉米小斑病又名玉米斑点病，是玉米生产中的重要病害之一，在我国分布广泛，主要发生在温暖潮湿的夏玉米种植区，感病品种在一般发生年份减产 10% 以上，大流行年份可减产 20% ~ 30%。

形态特征

　　玉米小斑病从苗期到成熟期均可发生，玉米抽雄后发病重。该病主要为害叶片（图1），也为害叶鞘和苞叶。与玉米大斑病相比，该病叶片上的病斑明显小，但数量多。病斑初为水浸状，后变为黄褐色或红褐色，边缘颜色较深，呈椭圆形、圆形或长圆形，大小为（5 ~ 10）mm ×（3 ~ 4）mm（图2）。病斑密集时常互相连接成片，形成大型枯斑（图3）。病斑多从植株下部叶片先出现，向上蔓延、扩展。叶片病斑形状因品种抗性不同，有以下三种类型。

　　（1）不规则椭圆形病斑，或受叶脉限制表现为近长方形，有较明显的紫褐色或深褐色边缘（图4）。

　　（2）椭圆形或纺锤形病斑，扩展不受叶脉限制，病斑较大，灰褐色或黄褐色，无明显深色边缘，病斑上有时出现轮纹。

　　（3）黄褐色坏死小斑点，基本不扩大，周围有明显的黄绿色晕圈，此为抗性病斑。

图1　为害叶片状

图2　早期病斑

图3　病斑密集相连成大型枯斑

图4　病斑受叶脉限制为近长方形

发生规律

　　玉米小斑病病菌主要以菌丝体在病残体上越冬，其次是在带病种子上越冬。越冬菌源产生分生孢子，随气流传播到玉米植株上，在叶面有水膜的条件下萌发侵入，遇到适宜发病的温度、湿度条件，经5～7天即可重新产生分生孢子进行再侵染，造成病害流行。在田间，最初在植株下部叶片发病，然后向周围植株水平扩展、传播扩散，病株率达到一定数量后，病情向植株上部叶片扩展。

　　该病病菌产生分生孢子的适宜温度为23～25℃，适于田间发病的日均温度为25.7～28.3℃。7～8月，如果月均温度在25℃以上，雨日、雨量、露日、露量多的年份和地区，或结露时间长，田间相对湿度高，则发生重。该病对氮肥敏感，拔节期肥力低，植株生长不良，发病早且重。连茬种植、施肥不足，特别是抽雄后脱肥、地势低洼、排水不良、土质黏重、播种过迟等，均利于该病发生。

绿色防控技术

玉米小斑病是气流传播、多次侵染的病害，且越冬菌源广泛，故应采用以抗病品种为主，结合栽培技术防病的综合措施进行防治。

1. 农业措施

（1）种植抗病品种。因地制宜，选种抗病自交系和杂交品种。

（2）加强田间管理。玉米收获后，彻底清除田间病残株，减少菌源；摘除下部老叶、病叶，降低田间湿度，减少再侵染菌源；深耕土壤，高温沤肥（图5），杀灭病菌；施足底肥，增施磷肥、钾肥，重施喇叭口肥；及时中耕灌水，增强植株抗病力。

图5　沤制成的农家肥

2. 生物防治
可在心叶末期到抽雄期或发病初期，每亩喷洒200亿芽孢/mL枯草芽孢杆菌可分散油悬浮剂70～80mL，或农用抗生素120水剂200倍液，隔10天防1次，连续防治2～3次。

3. 科学用药
在玉米抽穗前后，病情扩展前开始喷药。喷药时先摘除基部病叶。所用药剂参见玉米大斑病化学防治。

五、　玉米锈病

分布与为害

　　玉米锈病的主要发生区域为我国北方夏玉米种植区。在华东、华南、西南等南方各省（区）也有发生，但这些地区发病一般对生产影响有限。发病后，叶片被橘黄色的夏孢子堆和夏孢子所覆盖，导致叶片干枯死亡，轻者减产 10% ~ 20%，重者达 30% 以上，严重地块甚至绝收（图 1）。

图 1　大田为害状

形态特征

　　玉米锈病主要发生在玉米叶片上，也能够侵染叶鞘（图 2）、茎秆（图 3）和苞叶。侵染初期，叶片两面初生淡黄白色小斑，四周有黄色晕圈（图 4），后凸起形成黄褐色乃至红褐色疱斑，散生或聚生，圆形或长圆形，即病菌的夏孢子堆（图 5）。孢子堆将叶片表皮撑破裂后，散出铁锈状夏孢子（图 6）。后期病斑或其附近又出现黑色疱斑，即病菌的冬孢子堆，长椭圆形，疱斑破裂散出黑褐色粉状物。

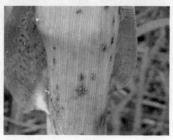

图 2　为害叶鞘

图3　为害茎杆

图4　早期叶部症状：淡黄白色小斑及黄色晕圈

图5　病叶上的夏孢子堆

图6　孢子堆破裂散粉状

发生规律

在南方温暖地区玉米锈病病菌以夏孢子在玉米植株上越冬，翌年借气流传播，成为初侵染源。田间叶片染病后，产生的夏孢子又可在田间借气流传播，进行多次再侵染，蔓延扩展。田间发病时，先从植株顶部开始向下扩展。

高温高湿或连阴雨天气有利于孢子的萌发、传播、侵染，发病重。日均温度在27℃时最适宜发病。地势低洼、种植密度大、通风透气性差、偏施氮肥的地块发病重。品种间抗病性差异很大，品种的叶色、叶毛的多少与病害轻重有关，一般叶色黄、叶片少的品种发病重。

绿色防控技术

1. 农业措施

（1）选用抗病品种。不同品种对玉米锈病抗性有较大的差异。

（2）清除田间病残体，集中深埋或烧毁。在玉米普通锈病发生较重的种植区，要注意清除田间酢浆草（图7），减少病菌中间寄主，降低初侵染源。

（3）加强田间管理。适当早播；施用酵素菌沤制的堆肥，增施磷肥、钾肥，避免偏施、过施氮肥，提高植株抗病力；合理密植，中耕松土，适量浇水，雨后及时排渍降湿。

图7 酢浆草

2. 生物防治
据研究，黄粉虫体内提取的抗菌物质对玉米锈病有较好的防治效果，该提取物可开发为生物杀菌剂以替代化学杀菌剂，用于玉米锈病的生物防治。

3. 科学用药
在发病初期，喷洒25%三唑酮可湿性粉剂800～1000倍液，或12.5%烯唑醇可湿性粉剂1000～1500倍液，或25%丙环唑乳油1500倍液，或80%戊唑醇可湿性粉剂6000倍液，隔10天左右1次，连续防治2～3次。

六、 玉米顶腐病

分布与为害

　　玉米顶腐病多发生在我国辽宁、吉林、黑龙江、山东等玉米产区，局部地区发生严重。近年来，在我国西南、西北地区以及其他一些省（区）也有发生。苗期发病严重可引起死苗，或对植株生长造成不良影响，导致雄穗不能正常抽出和散粉，对产量造成一定损失（图1）。

图1　大田为害状

形态特征

　　玉米顶腐病从苗期到成株期都可发生。成株期发病，病株多矮化，但也有矮化不明显的，其他症状呈多样化。多数发病植株的新生叶片上部失绿，有的病株发生叶片畸形或扭曲，叶片边缘产生黄化条纹（图2），或叶片顶部腐烂并形成缺刻（图3），或顶部4～5片叶的叶尖褐色腐烂枯死（图4）；有的顶部叶片短小，残缺不全，扭曲卷裹直立呈长鞭状（图5），或在形成鞭状时被其他叶片包裹不能伸展形成弓状（图6）；有的顶部几个叶片扭曲缠结不能伸展（图7）；有的感病叶片边缘出现刀切状缺刻（图8）；个别植株雄穗受害，呈褐色腐烂状（图9）。病株的根系通常不发达，主根短小，根毛细而多，呈绒状，根冠变褐色腐烂。高湿的条件下，病部出现粉白色至粉红色霉状物。

图2　叶缘黄化条纹、顶部腐烂

图3　叶尖腐烂呈缺刻状

图4　叶尖枯死症状

图5　叶片卷裹直立呈长鞭状

图6　叶片扭曲卷裹呈弓状

图7　叶片扭曲缠结不能伸展

图8 叶缘现刀切状缺刻   图9 为害雄穗呈褐色腐烂状

发生规律

　　玉米顶腐病按照病原菌分为镰刀菌顶腐病、细菌性顶腐病两种，病原菌在土壤、病残体和带菌种子中越冬。种子带菌可远距离传播，使发病区域不断扩大。玉米抽雄前为该病的盛发期。该病具有某些系统侵染的特征，病株产生的分生孢子还可以随风雨传播，进行再侵染。在低温、多雨高湿条件下发生严重；土质黏重、低洼冷凉的地块发病重；品种间抗性差异大。

绿色防控技术

　　1. 农业措施

　　（1）采用抗病品种和不带菌种子。选用抗病、耐病的品种，淘汰感病品种。

　　（2）减少田间菌源。禁止病残体还田，及时拔除病株，并将病残体带出田外，集中深埋或烧毁。

　　（3）加强栽培管理。适时早播，排湿提温，铲除杂草，增强植株抗病能力；玉米大喇叭口期要迅速追肥，并喷施锌肥等叶面营养剂和生长调节剂，促苗早发，补充养分，提高抗逆能力；对玉米心叶已扭曲腐烂的较重病株，可用剪刀剪去包裹雄穗以上的叶片，以促进顶端生长和雄穗的正常吐穗，并将剪下的病叶带出田外深埋处理，挑开的叶片要通风并日晒，发病组织会很快干枯，可有效控制病害的发展。

（4）控制或减少硝酸铵的施用量。硝酸铵肥料有刺激病原菌（串珠镰孢亚黏团变种）菌丝生长和产孢的作用，生产中应控制或减少硝酸铵的施用量。

2. 科学用药

（1）种子处理。玉米顶腐病常发区可以采用药剂拌种，减轻幼苗发病。常用药剂有 2% 戊唑醇悬浮种衣剂，或 75% 百菌清可湿性粉剂，或 50% 多菌灵可湿性粉剂，或 80% 代森锰锌可湿性粉剂，以种子重量的 0.4% 拌种；或用 40% 萎锈·福美双悬浮剂进行包衣处理（图 10）。

图 10　玉米种子包衣

（2）药剂防治。病害发生后，可以结合后期玉米螟等害虫的防治，混合以上药剂加农用硫酸链霉素或中生菌素对心叶进行喷施，每亩不少于 40kg 药液。

七、 玉米纹枯病

分布与为害

玉米纹枯病在我国玉米种植区普遍发生。随着玉米种植面积的扩大和高产密植栽培技术的推广，该病发展蔓延较快，为害日趋严重。该病主要发生在玉米生长后期，为害玉米植株近地表的茎秆、叶鞘甚至雌穗，常引起茎基腐败，输导组织破坏，影响水分和营养的输送，因此常造成严重的经济损失（图1）。

图1　大田为害状

形态特征

玉米纹枯病主要为害叶鞘，其次是叶片、果穗及其苞叶。发病严重时，能侵入坚实的茎秆，但一般不引起倒伏。最初茎基部叶鞘发病，后病菌侵染叶片，向上蔓延。发病初期，叶鞘先出现水渍状灰绿色的圆形或椭圆形病斑（图2），逐渐变成白色至淡黄色（图3、图4），后期变为红褐色云纹斑块（图5）。叶鞘受害后，病菌常透过叶鞘而为害茎秆，形成下陷的黑褐色斑块。发病早的植株，病斑可以沿茎秆向上扩展至雌穗的苞叶（图6）并横向侵染下部的叶片。湿度大时，病斑上常出现很多白霉（图7），即菌丝和担孢子。温度较高时或植株生长后期，不适合病菌扩大为害，即产生菌核。菌核初为白色（图8），老熟后呈褐色（图9）。当环境条件适宜，病斑迅速扩大发展，叶片萎蔫，植株似开水烫过一样呈暗绿色腐烂而枯死（图 10）。

图 2　为害叶鞘早期症状

图 3　叶鞘白色病斑

图 4　叶鞘淡黄色病斑

图 5　叶鞘红褐色云纹状病斑

图 6　雌穗苞叶

图 7　病斑上出现白霉

图8　幼嫩白色菌核　　　图9　成熟褐色菌核　　　图10　病株萎蔫似开
　　　　　　　　　　　　　　　　　　　　　　　　　　　　水烫状

发生规律

　　玉米纹枯病属于土传病害，以菌核遗留在土壤中，以菌丝、菌核在病残体上越冬。菌核萌发产生菌丝或以病株上存活的菌丝接触寄主茎基部而入侵，表面形成病斑后，病菌气生菌丝伸长，向上部叶鞘发展，病菌常透过叶鞘而为害茎秆，形成下陷的黑色斑块。湿度大时，病斑长出许多白霉状菌丝和担孢子，担孢子借风力传播造成再次侵染。病菌可通过表皮、气孔和自然孔口三种途径侵入寄主，其中以表皮直接侵入为主。

　　该病是靠接触蔓延、短距离传染的病害。病害流行与气候、品种、种植密度、肥水条件和地势等因素有关，其中气候因素对该病的发展有重要影响。该病发生的最低温度为13～15℃，最适温度为20～26℃，最高温度为29～30℃。病害发生期内，雨水多、湿度大，病情发展快；而少雨低湿则明显抑制病害发展。玉米苗期很少发病，喇叭口期至抽雄期是发病始期，抽雄期病害开始扩展蔓延，灌浆至成熟期发展速度逐渐增快，是该病为害的关键时期。

绿色防控技术

1.农业措施

　　（1）选用抗病或耐病品种。

（2）减少田间菌源。重病田块实行轮作倒茬，避免重茬、迎茬种植；清除田间病株残体，集中烧毁，深翻土壤，消除菌核。

（3）加强栽培管理。选择适当的播期，避免病害的发生高峰期（孕穗到抽穗期）与雨季相遇；发病初期，摘除病叶；合理密植，或高矮秆作物间作套种（图11）、宽窄行种植（图12），注意田间通风透光；田间开沟排水，降低湿度。增施有机肥，实行配方施肥，避免氮肥施用过量，以提高植株的抗病能力。

图11　玉米与大豆、辣椒间作　　　　　图12　宽窄行种植

2. 生物防治　发病早期，每亩用16%井冈霉素可溶粉剂50～60g，或井冈霉素·蜡芽菌悬浮剂20～26g，或200亿芽孢/mL枯草芽孢杆菌可分散油悬浮剂70～80mL，兑水50kg喷雾，隔7～10天再喷1次。

木霉对玉米纹枯病有良好的防治效果，有待开发利用。

3. 科学用药

（1）种子处理。浸种灵按种子重量的0.02%拌种后堆闷24～48小时再播种（图13），或用2%戊唑醇悬浮种衣剂进行拌种处理。

图13　玉米浸种

（2）药剂防治。

1）药土法。在发病初期，每亩用5%的井冈霉素可湿性粉剂200g

拌入过筛灭菌细土 20kg，点入玉米喇叭口内。

2）喷雾防治。发病早期防治效果好，重点防治玉米茎基部，保护叶鞘，喷药前将已感病的叶片及叶鞘剥去。每亩用 30% 苯甲·丙环唑乳油 10 ~ 20g，15% 井冈霉素·三唑酮可湿性粉剂 100 ~ 130g，兑水 50kg 喷雾。

八、 玉米青枯病

分布与为害

玉米青枯病又称玉米茎基腐病或玉米茎腐病，是由多种病原菌侵染产生的病害。在我国玉米各种植区均有发生，局部地区为害严重，一般年份发病率为5%～20%，个别地区的个别年份可达60%以上。感病植株籽粒不饱满、瘪瘦，对玉米产量和品质影响很大（图1）。

图1　大田为害状

形态特征

玉米青枯病一般在玉米灌浆期开始发病，乳熟末期至蜡熟期为显症高峰。感病后最初表现萎蔫，以后叶片自下而上迅速失水枯萎，叶片呈青灰色或黄色，逐渐干枯，表现为青枯或黄枯（图2）。病株雌穗下垂，穗柄柔韧，不易剥落，籽粒瘪瘦，无光泽且脱粒困难（图3）。茎基部

图2　病株青灰色干枯状

1～2节呈褐色失水皱缩，变软，髓部中空（图4），或茎基部2～4节有梭形或椭圆形水浸状病斑，绕茎秆逐渐扩大，变褐腐烂，易倒伏。根系发育不良，侧根少，根部呈褐色腐烂，根皮易脱落，病株易拔起。根部和茎部有絮状白色或紫红色霉状物。

图3　雌穗下垂

图4　茎髓部中空状

发生规律

　　引起青枯病的病原菌种类很多，在我国主要为镰刀菌和腐霉菌。镰刀菌以分生孢子或菌丝体、腐霉菌以卵孢子在病残体内外及土壤内存活越冬。带病种子是翌年的主要侵染源。病菌借风雨、灌溉、机械、昆虫携带等途径传播，通过根部或根茎部的伤口侵入或直接侵入玉米根系或植株近地表组织并进入茎节，导致营养和水分输送受阻，叶片青枯或黄枯、茎基缢缩、雌穗倒挂、整株枯死。种子带菌可以引起苗枯。

　　玉米籽粒灌浆和乳熟阶段遇较强的降水，或雨后暴晴、土壤湿度大、气温剧升等，往往导致该病暴发成灾。雌穗吐丝期至成熟期，降水多、湿度大，发病重；沙土地、土地瘠薄、排灌条件差、玉米生长弱的田块发病较重；连作、早播发病重。玉米品种间抗病性存在明显差异（图5）。

图5　不同品种抗性差异

绿色防控技术

采用以抗病品种和栽培技术等为主的综合防治措施。

1. 农业措施

（1）选用抗病或耐病品种。不同品种间青枯病发生程度显著不同。

（2）减少田间菌源。合理轮作，重病地块玉米与其他非寄主作物（如水稻、甘薯、马铃薯、大豆等）实行2～3年的轮作，减少重茬，防止土壤中病原菌积累；收获时避免秸秆还田，清除田间内外病残组织，集中烧毁，深翻土壤，减少侵染源。

（3）加强栽培管理。适期晚播能有效减轻该病害发生；苗期注意蹲苗，促进根系生长发育，增强根系抗侵染能力；在玉米生长后期，控制土壤水分，避免田间积水（图6）；播种时，将硫酸锌肥作为种肥施用，每亩用量为1.5～2kg，能有效降低植株发病率；增施腐熟有机肥或增施钾肥能够明显提高植株的抗性，氮、磷、钾配合施用，一般氮、磷、钾配比为2.53∶1∶1，可使发病率降至最低水平。

图6　玉米田间积水

2. 生物防治

绿木霉菌和Bt细菌对由瓜果腐霉菌和禾谷镰刀菌引起的玉米青枯病有较明显的防效。可采用细菌拌种、绿木霉菌拌种或绿木霉菌穴施配合细菌拌种进行生物防治（图7、图8）。

图7　绿木霉菌拌种

图8　绿木霉菌拌种防效对比

3. 科学用药

（1）种子处理。每 10kg 种子用 2.5% 咯菌腈悬浮种衣剂 10 ~ 20g，或 20% 福·克悬浮种衣剂 222.2 ~ 400g，或 3.5% 咯菌·精甲霜悬浮种衣剂 10 ~ 15g，进行种子包衣。

（2）药剂防治。玉米抽雄期至成熟期是防治该病的关键时期，病害发生初期可以用 50% 多菌灵可湿性粉剂 600 倍液，或 25% 甲霜灵可湿性粉剂 500 倍液喷淋根基，间隔 7 ~ 10 天喷一次，连喷 2 ~ 3 次。

九、 玉米细菌性茎腐病

分布与为害

玉米细菌性茎腐病在我国一些玉米种植区偶有发生。细菌侵染植株后，常在玉米的生长前期或中期引起茎节腐烂，导致茎秆折断，造成直接的生产损失。

形态特征

玉米细菌性茎腐病主要为害玉米中部茎秆和叶鞘。在茎秆上产生水浸状腐烂（图1），腐烂部位扩展较快，造成髓组织分解，茎秆因此折断（图2）。在发病部位，病菌繁殖快并大量分解组织而产生恶臭味。叶鞘也会受到侵染（图3），病斑不规则，边缘呈红褐色（图4）。当条件适宜，病菌可以通过叶鞘侵染雌穗，在雌穗苞叶上产生与叶鞘上相同的病斑。有时茎秆上的发病部位可以靠近茎基部。发生在茎秆中上部会造成雌穗穗柄腐烂而严重影响雌穗的生长。

图1　前期水浸症状

图2　茎秆折断状

图3　为害叶鞘状　　　　　　　　　图4　叶鞘边缘红褐色不规则病斑

发生规律

　　玉米细菌性茎腐病病菌在土壤表面未腐烂的病残体上越冬，翌年从植株的气孔或伤口侵入。玉米60cm高时组织柔嫩易发病，害虫为害造成的伤口有利于病菌侵入。害虫携带病菌同时起到传播和接种的作用，如玉米螟、棉铃虫等虫口数量大，则该病发病重。

　　高温高湿利于发病，日平均温度30℃左右，相对湿度高于70%即可发病；日均温度34℃，相对湿度80%则扩展迅速。玉米常年连作发病重，地势低洼或排水不良、密度过大、通风不良、施用氮肥过多、伤口多，发病重。轮作、高畦栽培、排水良好及氮、磷、钾肥比例适当的地块，植株健壮，发病率低。

绿色防控技术

　　同玉米细菌性茎基腐病。

十、　玉米瘤黑粉病

分布与为害

　　玉米瘤黑粉病是玉米生产中的重要病害之一，在我国普遍发生。一般北方比南方、山区比平原发生普遍且严重。发病时病菌侵染玉米茎秆、果穗、雄穗、叶片等幼嫩部位，形成的黑粉瘤消耗大量的养分，导致植株空秆、不结实、籽粒发育不良或雄花不散粉，严重时可造成30% ~ 80%的产量损失（图1）。

图1　大田为害状

形态特征

　　玉米瘤黑粉病是局部侵染病害。玉米气生根、茎、叶、叶鞘、雄穗及雌穗等任何地上部分的幼嫩组织均可被侵染为害。被侵染的组织因病菌代谢物的刺激而肿大成菌瘿，外包有由寄主表皮组织所形成的薄膜，为白色或淡紫红色，后期变为黑灰色，农民称之为"长蘑菇"。菌瘿成熟后散发出大量黑粉（冬孢子）。田间幼苗高 0.3 m 左右时即可发病，多在幼苗基部或根茎交界处产生菌瘿。病苗扭曲皱缩，叶鞘及心叶破裂，严重的会出现早枯。叶片或叶鞘被侵染时，所形成的菌瘿一般有豆粒或花生粒大小；茎或气生根被侵染时，所形成的菌瘿如拳头大小，如在玉米顶部可引起玉米弯曲；雌穗被侵染，多在果穗上中部或个别籽粒上形成菌瘿，严重的全穗形成大而畸形的菌瘿（图2～图12）。

图2　幼嫩菌瘿

图3　淡紫红色菌瘿

图4　黑灰色成熟菌瘿

图5　成熟菌瘿散发黑粉状

图6　叶部菌瘿

图7　叶鞘部豆粒大菌瘿初期

图 8　叶鞘部豆粒大菌瘿

图 9　茎秆上菌瘿

图 10　茎秆及顶部受害引起弯曲

图 11　为害整个雌穗成大菌瘿

图 12　为害雌穗籽粒

发生规律

　　玉米瘤黑粉病病菌以冬孢子在土壤中、病残体上，或混在粪肥、黏附在种子表面越冬，成为初侵染源。种子表面带菌，有利于病害的远距离传播。越冬的冬孢子在条件适宜时产生担孢子和次生担孢子，经风雨传播到玉米的幼嫩组织上，萌发并直接穿透寄主表皮或经由伤口侵入。菌丝在组织中生长发育，并产生一种类似生长素的物质，刺激局部组织的细胞旺盛分裂，逐渐肿大成菌瘿，菌瘿内产生大量的冬孢子，随风雨传播，进行再侵染。在玉米的生育期内，可进行多次侵染，在抽穗前后 1 个月内为该病的盛发期。

该病发病与品种抗病性、菌源数量和环境条件有关。品种间抗病性有差异，一般杂交种比其亲本自交系或一般品种抗病力强，果穗苞叶厚而紧、耐旱的品种较为抗病。连作地和距村庄较近的地块由于有较大量的菌源，一般发生较重；在干旱少雨的地区，缺乏有机质的沙性土壤，土壤中的冬孢子易于保存其生活力，发病较重；偏施氮肥，造成植株组织柔嫩，易受感染。低温、干旱、少雨地区，土壤中的冬孢子存活率高，发病严重；玉米抽雄前后遇干旱抗病力下降，易感病；螟害、冰雹、暴风雨以及人工去雄造成的伤口，均有利于病害发生。

绿色防控技术

1.农业措施

（1）选用抗病品种。一般马齿型品种和雌穗苞叶长紧的品种较抗病，甜玉米较易感病。

（2）减少田间菌源。重病田可与大豆、棉花等作物 2 ~ 3 年轮作；彻底清除田间病株，翻地沤浸；在田间发病后及早割除菌瘤，带出田外深埋或烧掉（图 13），减少菌源。

（3）加强栽培管理。合理密植；均衡施肥，增施磷、钾肥，控制氮肥用量；在易感病的品种抽穗前后要防止田间干旱、及时灌溉（图14），生长后期防止田间积水，要及时排涝，降低田间湿度；注意防治玉米螟等虫害，减少伤口。

2.科学用药

（1）种子处理。可用 20% 福·克悬浮种衣剂按药种重量比 1 : 50 进行种子包衣，或用 50% 福美双可湿性粉剂按种子重量的 0.2% ~ 0.3% 拌种，或用 2% 戊唑醇拌种剂 10g 拌玉米种子 2.2 ~ 3.0kg。

图13 割除菌瘤带出田外

图14 玉米抽穗前抗旱浇水

（2）药剂防治。在玉米抽雄前喷50%多菌灵可湿性粉剂，或50%福美双可湿性粉剂500倍液，连续防治1～2次，可有效减轻病害。

十一、玉米丝黑穗病

分布与为害

玉米丝黑穗病又称乌米病、哑玉米病，我国玉米产区几乎均有发生，以东北、西北、华北和南方冷凉山区的连作玉米田块发病较重。玉米丝黑穗病为害严重，一般田块发病率为2%～8%，重病田发病率高达60%～70%。由于玉米丝黑穗病直接导致果穗全部受害，发病率几乎等同于损失率，一旦发生对产量影响较大（图1）。

图1　大田为害状

形态特征

玉米丝黑穗病是苗期的一种系统性侵染病害，病菌侵染种子萌发后产生的胚芽，菌丝进入胚芽顶端分生组织后随生长点生长，但直到穗期才能在雄穗和雌穗上见到典型症状。病株雌穗短粗，外观近球状，无花丝，苞叶正常（图2），剥开苞叶可见雌穗内部组织已全部变为黑粉（图3），黑粉内有一些丝状的植物维管束组织，因此称为丝黑穗病（图4）。在后期，雌穗苞叶自行裂开，散出大量黑粉（图5）。有的雌穗受害后，过度生长，但无花丝，不结实，顶部为刺状（图6、图7）。雄穗受害后，整个小花变为黑粉包，抽雄后散出大量黑粉。有的雄穗受病原菌刺激后畸形生长（图8、图9）。在被严重侵染的植株上，还可见叶片出现破溃的孔洞或瘤状突起，突起破裂后散出黑粉即冬孢子。病原菌侵染也可使一些植株在苗期产生分蘖，植株呈灌丛状。

图2　病菌侵染的雌穗

图3　雌穗内黑粉

图4　雌穗内丝状组织

图5　苞叶开裂后症状

图6　雌穗顶部刺状

图7　雌穗顶部刺状剖面

图8　引起雄穗畸形如刺

图9　引起雄穗畸形

发生规律

　　玉米丝黑穗病病菌以散落在土中、混入粪肥或黏附在种子表面的冬孢子越冬，成为翌年的初侵染源，其中土壤带菌在侵染循环中最为重要。冬孢子在土壤中能存活2～3年，结块的冬孢子比分散的存活时间更长。种子带菌是远距离传播的重要途径，但田间传病作用显著低于土壤和粪肥。玉米在3叶期以前是病菌的主要侵染时期，7叶期后病菌不再侵染玉米。

　　该病发病程度主要取决于品种抗病性、菌源数量及土壤环境。玉米不同品种对丝黑穗病菌的抗性有明显差异。连作地发病重，轮作地发病轻。玉米播种至出苗期间的温度、湿度与发病关系密切，土壤温度在15～30℃利于病菌侵入，25℃最为适宜，20%的湿度条件发病率最高。另外，播种过深、种子生活力弱时发病重。

绿色防控技术

1. 农业措施

　　（1）种植抗病品种。种植抗病品种是防治玉米丝黑穗病的根本措施，一般杂交种比其亲本自交系或一般品种较抗病；硬粒型玉米较抗病，马齿型次之，甜玉米较易感病。雌穗的苞叶厚、长、紧密的较抗病；反之苞叶包不紧的较易感病。

　　（2）轮作倒茬。进行轮作倒茬是防治该病的首要措施，尤其是重病区至少要实行 3 ～ 4 年的轮作倒茬。

（3）消灭病菌来源。苗期结合田间管理拔除病株，拔节至成熟期发现病株及早拔除并带出田外集中销毁或深埋；玉米收获后应彻底清除田间植株病残体，进行深秋翻耕（图 10），可减少初次侵染来源；秸秆用作肥料时要充分腐熟（图 11），防止病原菌冬孢子随粪肥传病。

（4）加强栽培管理。适期播种，播种要深浅适宜；合理密植，增

图 10　秋季翻耕　　　　　　　　图 11　秸秆腐熟

加光照，增强玉米抗逆性；加强肥水管理，增施磷、钾肥，适当施用含锌、含硼的微肥，避免偏施氮肥，防止植株贪青徒长；抽雄前后适时灌溉，防止干旱；加强玉米螟等害虫的防治，减少虫伤口和机械损伤。

2. 科学用药

（1）种子处理。用药剂处理种子可有效防止土壤中病菌对种子胚芽的侵染。可用 6% 戊唑醇悬浮种衣剂以种子重量的 0.4% 进行拌种，或 15% 三唑酮可湿性粉剂以种子重量的 0.1% ～ 0.2% 拌种，或 40% 萎锈·福美双悬浮剂以种子重量的 0.4% ～ 0.5% 进行拌种。

（2）药剂防治。病害常发区，在发病前用三唑酮、烯唑醇、福美双等杀菌剂对植株喷药，以降低发病率。

十二、 玉米穗腐病

分布与为害

玉米穗腐病又称赤霉病、果穗干腐病，为多种病原菌侵染引起的病害，我国各玉米产区都有发生，特别是多雨潮湿的西南地区发生严重。引起穗腐病的黄曲霉菌可产生有毒代谢产物黄曲霉毒素，对人、家畜、家禽健康有严重危害（图1）。

图1　玉米穗腐病为害状

形态特征

该病发生时玉米雌穗及籽粒均可受害，被害雌穗顶部或中部变色，并出现粉红色、蓝绿色（图2）、黑灰色或暗褐色、黄褐色霉层（图3），即病原菌的菌丝体、分生孢子梗和分生孢子，可扩展到雌穗的 1/3 ~ 1/2 处，多雨或湿度大时可扩展到整个雌穗（图4）。病粒无光泽、不饱满、质脆、内部空虚，常为交织的菌丝所充塞。雌穗病部苞叶常被密集的菌丝贯穿，黏结在一起贴于雌穗上不易剥离；仓储玉米受害后，粮堆内外则长出疏密不等、不同颜色的菌丝和分生孢子（图5），并散出发霉的气味。

图 2 蓝绿色霉层病穗

图 3 黄褐色霉层病穗

图 4 整个雌穗为害状

图 5 不同颜色的菌丝和分生孢子

发生规律

玉米穗腐病病菌在种子、病残体上越冬。病菌主要从伤口侵入，分生孢子借风雨传播。温度在 15 ~ 28℃，相对湿度在 75% 以上，有利于病菌的侵染和流行；玉米灌浆成熟阶段遇到连续阴雨天气，发生严重；高温多雨以及玉米虫害发生偏重的年份，穗腐和粒腐病发生较重。玉米粒没有晒干，入库时含水量偏高，以及贮藏期仓库密封不严，库内温度高，也利于各种霉菌腐生蔓延，引起玉米粒腐烂或发霉。

花丝多、苞叶长而厚、穗轴含水量高、籽粒排列紧密、水分散失慢的玉米品种易感病；花丝少、苞叶薄、雌穗顶部籽粒外露、收获前雌穗已成熟下垂，雨水不易淋入的品种抗病性较强；地膜覆盖和适期早播的地块发病轻。

绿色防控技术

防治玉米穗腐病要以选用抗病品种为基础，以农业防治措施为主导，辅以关键时期施药防虫。

1. 农业措施

（1）选用抗病品种。玉米品种对穗腐病有明显的抗病性差异，果穗苞叶紧、不开裂的品种一般发病较轻。表现较好的杂交种或自交系，在生产上种植后，起到一定的防病效果。

（2）减少田间菌源。收获时清除病穗，减少来年田间侵染源；连年发病严重的重病田应实行轮作制度，避免病菌连年积累。

（3）适期早播，合理密植。适期早播（图6），促进早熟；控制种植密度，紧凑型品种适宜种植密度为5 000～5 500株/亩，中间型品种适宜密度为4 500株/亩左右。

（4）加强栽培管理。与矮棵作物间作（图7），以改善田间通风透光条件，降低湿度；合理施肥，玉米拔节或孕穗期增施钾肥或氮、磷、钾肥配合施用，防止后期脱肥，增强抗病力。在蜡熟前期或中期剥开苞叶，可以改善果穗的透气性，抑制病菌繁殖生长，促进提早成熟。

（5）加强贮藏管理。成熟后要及时采收，剥掉苞叶充分晒干，或脱粒后烘干（图8），入仓贮存，避免储粮中的病菌污染；也可以将玉米果穗挂成串晒在通风的地方（图9），可以防止果穗受热而发病或病情进一步扩展。

2. 生物防治
井冈霉素对由赤霉菌引发的玉米穗腐病具有较强的防治作用，可在玉米大喇叭口期每亩用20% 井冈霉素 200g 制成药土

图 6 覆膜早播

图 7 玉米大豆间作

图 8 烘干塔烘干籽粒

图 9 玉米挂晒

点心叶，或配制药液喷施于果穗上。链霉菌对玉米种子所携带的多种病菌有较好的抑制作用。木霉制剂和酵母菌胞壁多糖对防治穗腐病具有一定的效果。

3. 科学用药

（1）种子处理。播种前把种子放在强光下晒 2～3 天，进行杀菌消毒，或用 2% 福尔马林 200 倍液浸种，然后每 10kg 种子用 2.5% 咯菌腈悬浮种衣剂 20mL 加 3% 苯醚甲环唑悬浮种衣剂 40mL 进行包衣或拌种。

（2）生长期治虫防病。注意防治玉米螟、棉铃虫和其他虫害，减少伤口侵染的机会；在玉米收获前 15 天左右，结合剥苞叶，可用 50% 多菌灵可湿性粉剂或 50% 甲基硫菌灵可湿性粉剂 500～1 000 倍液对果穗定向喷雾。

十三、 玉米粗缩病

分布与为害

玉米粗缩病为媒介昆虫灰飞虱传播的病毒病，在我国局部地区发生严重，已成为玉米产区的主要病害。多数发病植株不结穗，发病率几乎等同于损失率，对产量影响很大（图1、图2）。

图1　苗期大田为害状

图2　穗期大田为害状

形态特征

玉米粗缩病症状一般出现在5～6叶期，在心叶基部中脉两侧的细脉上出现透明的虚线状褪绿条纹，即明脉（图3）。病株的叶背、叶鞘及苞叶的叶脉上具有粗细不一的蜡白色条状突起，用手触摸有明显的粗糙不平感，成为脉突（图4）；叶片宽短，厚硬僵直，叶色浓绿，顶部叶片簇生（图5）。病

图3　病叶上的虚线状褪绿条纹（明脉）

株生长受到抑制，节间粗肿缩短，严重矮化（图6、图7）。病株根系少而短，不及健株的一半，极易从土中拔起。轻病株雄穗发育不良、散粉少，雌穗短、花丝少、结实少；重病株雄穗不能抽出或虽能抽出但分枝极少、无花粉，雌穗畸形不实或籽粒很少（图8、图9）。

图4　叶片上蜡白色条状脉突

图5　玉米粗缩病造成的叶片簇生

图6　玉米粗缩病造成的植株矮化
（侧视）

图7　玉米粗缩病造成的植株矮化
（俯视）

图8　玉米粗缩病造成的雄穗不能抽出

图9　玉米粗缩病造成的雌穗畸形不实

发生规律

玉米粗缩病在玉米整个生育期均可发病，侵染越早症状表现越明显，玉米苗期感病受害最重。病毒寄主范围十分广泛，主要侵染禾本科植物，如玉米、小麦、水稻、高粱、谷子以及马唐、稗草等。该病毒主要在小麦、多年生禾本科杂草及传毒介体灰飞虱上越冬。玉米出苗后，小麦和杂草上的灰飞虱即带毒迁至玉米上取食传毒，引起玉米发病。玉米5叶期前易感病，10叶期抗病性增强。在玉米生长中后期，病毒再由灰飞虱携带向高粱、谷子等晚秋禾本科作物及马唐等禾本科杂草传播，秋后再传向小麦或直接在杂草上越冬，形成周年侵染循环。

绿色防控技术

坚持以农业防治为主，化学防治为辅的综合防治策略。核心是调整玉米播期，使玉米苗期避开带毒灰飞虱成虫的活动盛期。

1.农业措施

（1）选用抗病品种。生产上推广应用的主栽品种抗病性较强的极少，但品种间感病程度存在一定差异，如苏玉30号、农大108、郑单958等有一定的抗病性，可选择种植。同时种植要注意合理布局，避免单一品种的大面积种植。

（2）加强栽培管理。调整播期，摒弃玉米麦垄套种（图10），推广玉米麦收后直播（图11），避开带毒灰飞虱成虫的活动盛期，降低发病风险；清除田间和地头杂草，减少害虫滋生；合理施肥浇水，加强田间管理，促进玉米健壮生长，缩短感病期。

图10 麦垄套种

图11 玉米麦收后直播

（3）减少田间毒源。结合间苗及时拔除病株，带出田外烧毁或深埋。

2. 科学用药　重点是防治传毒介体灰飞虱（图12），减少病毒传播。

图12　传毒媒介灰飞虱

（1）将灰飞虱消灭在虫源地。在第1代灰飞虱低龄若虫时期，对麦田及路边、沟内未清除的杂草喷药处理，杀灭灰飞虱，控制毒源。

（2）药剂拌种或包衣。用70%噻虫嗪可分散粉剂10～30g拌10kg种子，防治苗期灰飞虱。

（3）及时治虫防病。苗期喷药防治灰飞虱，可每亩用10%吡虫啉可湿性粉剂，或5%啶虫脒可湿性粉剂20g，加水50kg喷雾，每7～10天喷1次，连喷2～3次；发病初期，每亩用5%氨基寡糖素水剂75～100g，或6%低聚糖素水剂62～83g，加水50kg喷雾防治；也可选用20%盐酸吗啉胍·乙酸铜可湿性粉剂或1.8%宁南霉素水剂250倍液，叶面喷雾。

十四、 玉米红叶病

分布与为害

　　玉米红叶病属于媒介昆虫蚜虫传播的病毒病，主要发生在我国甘肃省，在陕西、河南、河北等地也有发生。该病主要为害麦类作物，也侵染玉米、谷子、糜子、高粱及多种禾本科杂草。在玉米红叶病重发生年，对生产有一定影响（图1）。

图1　大田为害状

形态特征

　　病害初发生于植株叶片的尖端，在叶片顶部出现红色条纹。随着病害的发展，红色条纹沿叶脉间组织逐渐向叶片基部扩展，并向叶脉两侧组织发展（图2、图3），变红区域常常能够扩展至全叶的1/3～1/2，有时在叶脉间仅留少部分绿色组织，发病严重时引起叶片干枯死亡（图4）。

图2　玉米红叶病病叶

图3　玉米红叶病植株　　　　　图4　玉米红叶病引起叶片干枯

发生规律

该病病原菌为大麦黄矮病毒，传毒蚜虫有禾谷缢管蚜、麦二叉蚜、麦长管蚜、麦无网蚜和玉米蚜等多种蚜虫。在冬麦区，传毒蚜虫在夏玉米、自生麦苗或禾本科杂草上为害越夏，秋季迁回麦田为害。传毒蚜虫以若虫、成虫或卵在麦苗和杂草基部或根际越冬。翌年春季继续为害和传毒。秋春两季是红叶病传播侵染的主要时期，春季更是主要流行时期。麦田发病重、传毒蚜虫密度高，玉米发病也加重。玉米品种间发病有差异。病害发生的严重程度与当年蚜虫种群数量有关。

绿色防控技术

1. 农业措施

（1）因地制宜选育抗病、耐病品种。

（2）适期播种，合理密植，病害严重发生地区，不要在黏湿土质田块种植。

（3）加强肥水管理，增施磷、钾肥，以提高植株抗病力；疏松土壤，灌排结合。

（4）前茬作物收获后及时深耕灭茬（图5），施用充分腐熟的

图5　小麦收获后田间残留麦茬、秸秆，应及时深耕灭茬

农家肥，及时清除田内及周围杂草，以控制玉米红叶病的蔓延。

2. 科学用药　防蚜控病。小麦玉米连作田要搞好麦田黄矮病和麦蚜的防治，减少侵染玉米的毒源和介体蚜虫，可有效减轻玉米红叶病的发生。

十五、 玉米疯顶病

分布与为害

玉米疯顶病又称丛顶病，是影响玉米生产的潜在危险性病害，我国宁夏、新疆和甘肃西部属常发区。近年来，由于制种基地相对集中，引种频繁，该病有进一步扩大蔓延的趋势。该病发生常导致95%以上的病株不结实，接近绝收，对玉米生产影响很大（图1）。

图1 大田为害状

形态特征

该病发生玉米幼苗和成株都受害。苗期侵染，病害可随植株生长点的生长而到达雌穗与雄穗。病株从6～8叶期开始显症，苗期病株呈淡绿色，株高20～30cm时部分病苗过度分蘖，每株3～5个或6～8个不等，叶片变窄，质地坚韧；亦有部分病苗不分蘖，但叶片黄化且宽大，或叶脉黄绿相间，叶片皱缩、凸凹不平；部分病苗叶片畸形，上部叶片扭曲或呈牛尾巴状。典型症状发生在抽雄后，有以下类型。

（1）雄穗完全畸形。雄穗全部异常增生，畸形生长，小花转为变态小叶，小叶叶柄较长、簇生，使雄穗呈刺头状，即"疯顶"（图2）。

图2 "疯顶"症状

图3 部分雄穗畸形

（2）雄穗部分畸形。雄穗部分正常，其他部分则大量增生呈绣球状，不能产生正常雄花（图3）。

（3）雄穗变为团状花序。各个小花密集簇生，花色鲜黄，但无花粉。

（4）雌穗变异。果穗受侵染后发育不良，不抽花丝，苞叶尖变态为小叶，成45°簇生（图4）；严重发病的雌穗内部全部为苞叶，雌穗叶化（图5）；部分雌穗异化为雄穗（图6）；部分雌穗分化为多个小雌穗，但均不能结实；穗轴呈多节茎状，不结实或结实极少且籽粒瘪小（图7）。

（5）叶片畸形。成株期上部叶片和心叶扭曲呈不规则团状（图8），或牛尾巴状（图9），部分呈环状。植株不抽雄，也不能形成雄穗。

（6）植株上部叶片密集生长，呈对生状，似君子兰叶片。

图4 雌穗苞叶变态

图5 雌穗变为苞叶

图6 雌穗异化为雄穗

图7 穗轴呈多节茎状

图8 心叶及上部叶扭曲如麻花

图9 叶片扭曲呈牛尾巴状

（7）植株轻度或严重矮化（图10），上部叶片簇生，叶鞘呈柄状，叶片变窄。

（8）部分植株超高生长。有的病株疯长，植株高度超过正常高度1/5，头重脚轻，易折断（图11）。

（9）部分病株中部或雌穗发育成多个分枝，并有雄穗露出顶部苞叶。

（10）田间常见疯顶病菌与瘤黑粉病菌复合侵染。感病植株上伴有瘤黑粉病发生，簇状雄穗、雌穗和茎秆上有瘤黑粉（图12）。

图 10 植株矮化，叶片上呈黄色条纹

图 11 感病植株超高生长

图 12 伴生瘤黑粉病

发生规律

　　玉米疯顶病属土传、种传系统侵染性病害，病残体是翌年发病的重要侵染源。病菌在苗期侵染植株，受害植株一般不能结实，少数轻病株（5% 左右）也能正常结实形成种子，但带菌率很高，因此带病种子是该病远距离传播的一个重要途径。

　　玉米苗期是主要感病期。播种后短期内或 4 ~ 5 片叶前，土壤湿度饱和就能发病。土壤湿度饱和状态持续 24 ~ 48 小时，病菌就能完成侵染。适于病害侵染的土壤温度范围比较宽，病菌在叶面上形成孢子的适温为 24 ~ 28℃，孢子萌发适温为 12 ~ 16℃。多雨年份，低洼、积水田极易发病。

绿色防控技术

1. 农业措施

（1）选用抗病品种。通常马齿型比硬粒型抗病。

（2）加强栽培管理。适期播种；播种后严格控制土壤湿度，5叶期前避免大水漫灌，及时排出田间积水；轮作倒茬，与非禾本科作物如豆类、棉花等轮作。

（3）减少田间菌源。及时拔除田间病株，集中烧毁，或将发病植株的雄蕊上方叶片剪除、深埋；收获后彻底清除销毁田间病残体，并深翻土壤，控制病菌在田间扩散。

2. 科学用药

（1）种子处理。播种前用58%甲霜灵·锰锌可湿性粉剂，或64%霜灵·锰锌可湿性粉剂，以种子重量的0.4%拌种；或用35%甲霜灵可湿性粉剂按种子重量的0.2% ~ 0.3%拌种。

（2）药剂防治。在发病初期，可用58%甲霜灵·锰锌可湿性粉剂300倍液与50%多菌灵可湿性粉剂500倍液，或75%百菌清可湿性粉剂1 500倍液等杀菌剂混合用药，每隔7天喷1次，连续喷2 ~ 3次。

十六、 玉米苗枯病

分布与为害

在我国许多玉米种植区都有发生，部分地区一些年份发病严重。近年来，由于土壤中病菌的积累，玉米苗枯病的发生范围进一步扩大，发病逐渐加重，田间病株率一般为 10%，重病田可达 60% 以上，对生产量有一定影响。

形态特征

玉米种子发芽后，病原菌侵染主根，种子根和根尖处首先变褐（图1），后病害扩展导致根系发育不良或根毛减少，次生根少或无，逐渐造成根系发病变为红褐色，发病部位向上蔓延，侵染胚轴和茎基节，并在茎的第 1 节间形成坏死斑，叶片黄化、叶边缘焦枯（图2）。当病害发展迅速时，常常导致植株叶片发生萎蔫，全株青枯死亡。剖开茎节，可以看见维管束组织被侵染后变为褐色。

图1　病根变褐　　　　　图2　病叶片黄化、叶边缘焦枯状

发生规律

引起玉米苗枯病的病原主要是串珠镰刀菌。该病以土壤传播为主，种子也可以带菌传播。4～5月气候温暖，土壤升温快，幼苗发病轻；地势低洼、土壤黏重且湿度大，不利于幼苗根系发育，使植株抗病力下降，发病严重；播种过深也易发病。连作种植，土壤营养元素不均衡，植株抗病力明显降低。品种间抗性有差异。

绿色防控技术

1. 农业措施

（1）选用抗病或耐病品种。播种前先将种子翻晒1～2天。

（2）减少田间菌源。实行轮作，尽可能避免连作；及时清除田间病株，减少菌源。提倡玉米秸秆过腹还田（图3、图4），直接还田的，还田后要进行无害化灭菌处理。

（3）严格掌握播种深度。播种深度一般为3～5 cm，在玉米苗枯病发病地块尽量浅播，以利早发苗、出壮苗。

（4）加强栽培管理。深翻灭茬（图5），平整土地（图6），促进根系发育，增强植株抗病力；合理施肥，增施腐熟的有机肥料；雨后及时划锄，打破土壤板结，增强土壤通气性，促进根系生长发育，提高抗病能力。

图3 玉米秸秆收储加工饲料

图4 加工发酵青贮饲料

图5 深翻灭茬 　　　　　　　　　　　图6 平整土地

2. 科学用药

（1）种子处理。播种前将翻晒后的种子用75%百菌清可湿性粉剂，或50%多菌灵可湿性粉剂，或80%代森锰锌可湿性粉剂，以种子重量的0.4%拌种，或用萎锈·福美双等种衣剂进行种子包衣，可提高种子发芽率和出苗率，增强抗病能力。

（2）药剂防治。发病初期可选择50%多菌灵600倍液，或70%甲基硫菌灵800倍液，或96%噁霉灵3 000倍液，或58%锰锌·甲霜灵500倍液，对苗基部进行喷雾或灌根，每隔5～7天喷1次，连续喷施2～3次，可有效防治苗枯病。喷药的同时可加入黄腐酸盐或磷酸二氢钾等营养调节剂，以增强植株抗逆力和抗病力。

十七、 玉米全蚀病

分布与为害

玉米全蚀病是近年来在我国辽宁、山东等省新发现的玉米根部土传病害，主要为害根部，可造成植株早衰、倒伏，影响灌浆，导致千粒重下降，严重威胁玉米生产。

形态特征

苗期染病时地上部分症状不明显，抽穗灌浆期地上部分开始出现症状，初叶尖、叶缘变黄，逐渐向叶基和中脉扩展，后叶片自下而上变为黄褐色。严重时茎秆松软，根系呈褐色腐烂，须根和根毛明显减少，致根皮变黑坏死或腐烂，易折断倒伏。7～8月土壤湿度大时，根系易腐烂，病株早衰，千粒重下降。收获后菌丝在根组织内继续扩展，致根皮变黑发亮，并向根基延伸，呈黑脚或黑膏药状，剥开茎基，表皮内侧有小黑点，即病菌子囊壳（图1、图2）。

图1　玉米全蚀病病株　　　　　　图2　病株黑根症状

发生规律

病菌存活于土壤病残体内越冬，可在土壤中存活3年以上。玉米整个生育期均可受害，病菌从苗期种子根系侵入，后向次生根蔓延。该菌在根系上活动受土壤湿度影响，5～6月病菌扩展不快，7～8月气温升高，雨量增加，病情迅速扩展。沙壤土发病重于壤土，洼地重于平地，平地重于坡地。施用有机肥多的发病轻。7～9月高温多雨发病重。品种间感病程度差异明显。

绿色防控技术

1. 农业措施

（1）种植抗病品种。

（2）减少田间菌源。收获后及时翻耕灭茬，发病地区或田块的根茬要及时烧毁，减少菌源；与豆类、薯类、棉花、花生等非禾本科作物轮作。

（3）加强栽培管理。适期播种，提高播种质量；提倡施用酵素菌沤制的堆肥或增施有机肥，每亩施入充分腐熟的有机肥2 500kg，并合理追施氮、磷、钾速效肥。

2. 科学用药 可选用3%苯醚甲环唑悬浮种衣剂40～60mL，或12.5%硅噻菌胺悬浮种衣剂20mL拌10kg种子进行包衣拌种，晾干后即可播种，也可储藏后再播种（图3～图5）。

图3 包衣过的玉米种子

图4　玉米小型拌种机拌种

图5　玉米包衣效果对比

第三部分　玉米虫害田间识别与绿色防控

一、 玉米螟

分布与为害

玉米螟又称玉米钻心虫，我国有亚洲玉米螟和欧洲玉米螟两种，其中以亚洲玉米螟为主。亚洲玉米螟在各玉米种植区都有发生，欧洲玉米螟分布在内蒙古、宁夏、河北一带，与亚洲玉米螟混合发生。玉米螟主要为害玉米、高粱、谷子、棉花、麻类、豆类等作物。初龄幼虫蛀食玉米嫩叶，形成排孔花叶（图1）；雄穗抽出后，呈现小花被毁状（图2）；3龄后幼虫钻蛀茎秆、雌穗（图3）和雄穗（图4）为害，在茎秆上可见蛀孔，外有幼虫排泄物（图5），茎秆易折（图6），在雌穗中取食籽粒（图7），常引起或加重穗腐病的发生（图8）。

图1　低龄幼虫取食心叶，呈排孔花叶

图2　为害雄穗小花

图 3　雌穗受害状

图 4　雄穗受害状

图 5　为害茎秆：蛀孔及幼虫排泄物

图 6　为害茎秆引起茎秆倒折

图 7　为害雌穗籽粒

图 8　为害雌穗引起穗腐病

形态特征

1. 成虫　体土黄色，长 12 ~ 15mm，前后翅均横贯两条明显的浅褐色波状纹，其间有大小两块暗斑（图 9）。

2. 卵 产在叶背，呈扁椭圆形，白色，多粒排成块状，呈鱼鳞状（图10）。

3. 幼虫 共5龄，老熟幼虫体长20～30mm，体背淡褐色，中央有一条明显的背线，腹部1～8节背面各有两列横排的毛瘤，前4个较大。

图9 成虫

4. 蛹 纺锤形，红褐色，长15～18mm，腹部末端有5～8根刺钩（图11）。

图10 卵块

图11 蛹

发生规律

亚洲玉米螟年发生代数依各地气候而异，一般随纬度和海拔升高而世代数减少，我国从北到南，每年发生1～6代。以老熟幼虫在寄主被害部位或根茬内越冬。成虫昼伏夜出，有趋光性和较强的性诱反应。成虫将卵产在玉米叶背中脉附近，每块卵20～60粒，每头雌虫可产卵400～500粒，卵期3～5天；幼虫5龄，历期17～24天。初孵幼虫有吐丝下垂习性；1～3龄幼虫群集在心叶喇叭口内啃食叶肉，只留表皮，或钻入雄穗中为害；幼虫发育到4～5龄，蛀入雌穗，影响雌穗发育和籽粒灌浆；幼虫老熟后，即在玉米茎秆、苞叶、雌穗和叶鞘内化蛹，蛹期6～10天。该虫的发生适宜温度为16～30℃，相对湿度在60%

以上。长期干旱、大风大雨能使卵量减少，卵及初孵幼虫大量死亡。不同品种的玉米发生数量有明显差异。

绿色防控技术

1. 农业措施　在玉米收获时粉碎灭茬（图12），或在春季越冬幼虫化蛹羽化前，采用烧柴、沤肥、制作饲料等办法处理玉米秸秆，降低越冬幼虫数量；在玉米授粉结束后用剪刀剪下花丝，带出田外集中销毁。

2. 理化诱控

（1）灯光诱杀。在成虫盛发

图12　玉米收获附带粉碎

期，采用频振式杀虫灯（图13）或高压汞灯诱杀成虫，降低田间落卵量，减轻玉米螟为害，集中连片成规模设置效果更好（图14）。每30～50亩安装1盏灯，悬挂高度1.2～2m，平原地区及没有障碍物遮挡的空旷地带，可适当加大布灯间距，降低挂灯高度。一般4～9月（或3～10月）装灯，每天自动开关灯，及时清理死虫。杀虫灯能同时诱杀大量的金龟子（图15）、黏虫、棉铃虫等害虫，减少田间落卵量，连续多年大面积成片使用，可有效降低田间害虫发生密度。

图13　不同形状的频振式杀虫灯

图14　杀虫灯集中连片设置及开灯效果

（2）性诱剂诱杀。每亩地安装一个诱捕器（图16），放置高度为高出玉米植株 10 ~ 20cm。

图 15　灯光诱集的金龟子

图 16　玉米螟诱捕器

（3）糖醋液诱杀。利用玉米螟成虫对糖醋液的趋性，诱杀成虫。糖醋液配制为白酒、食醋、糖、水、90% 敌百虫晶体按 1：3：6：10：1 的比例在盆内拌匀，放置在腐烂的有机质较多的地方或玉米田边，架起到与玉米穗大致相同的高度，每亩 5 盆（图 17）。

图 17　糖醋液诱集效果

3. 生物防治

（1）释放天敌。在玉米螟产卵始期至产卵盛末期，在田中间放置赤眼蜂等卵卡或卵球，每亩释放赤眼蜂 1 万 ~ 2 万只，或利用携带病毒的赤眼蜂，将病毒传递到玉米螟卵块表面，赤眼蜂雌蜂将卵产在害虫卵内或使初孵幼虫感染病毒死亡。

利用赤眼蜂防治玉米螟一般需放蜂两次，在越冬代玉米螟化蛹率达 20% 时或者玉米田百株玉米落卵率为 1 ~ 1.5 块的时候，后推 10 天，就是第一次放蜂时间；5 ~ 7 天后为第二次放蜂时间。赤眼蜂扩散半径可达 50m，但投放半径以 10 ~ 15m 为宜。田间首个放置点距地边 10～15m，间隔 20～30m 放置下一个点，每亩地需要放置 8～10个卵卡，卵卡放置在玉米植株中部叶片背部，以防阳光直射和雨水冲刷。释放赤眼蜂时，注意田间湿度在 50% 以上，否则将影响赤眼蜂羽化。大面积成片投放，防控效果更佳（图 18）。

（2）保护利用天敌。玉米螟的捕食性天敌主要有赤胸步甲、淡足青步甲、黄绿心步甲、黄缘步甲以及多种瓢虫、蜘蛛和草蛉。瓢虫主要为七星瓢虫、龟纹瓢虫和多异瓢虫；蜘蛛有叶蛛类、豹蛛类、蟹蛛类；草蛉以中华草蛉、大草蛉居多。

昆虫病原线虫中芜菁夜蛾线虫对玉米螟的致病力很强，可用于生物防治。

（3）生物农药防治。在心叶末期，即大喇叭口期，每亩用 100 亿活芽孢 /mL 苏云金杆菌制剂 200mL 按药、水、干细沙比例 0.4∶1∶10，或每克 50 亿孢子的白僵菌 0.35kg，兑细河沙 5kg 配成颗粒剂，在玉米心叶中期撒施（图 19）；或每亩用每克含 50 000 个单位的苏云金杆菌可湿性粉剂 700～800 倍液，或 0.3% 印楝素乳油 80～100g 喷雾到玉米心叶内。

（4）利用白僵菌封垛。每立方米秸秆垛用菌粉 100g（每克含孢子50 亿～100 亿个），在玉米螟化蛹前喷在玉米秸秆垛上。

封垛方法为春季每天进行剥秆调查玉米螟发育进度，当越冬代玉米螟幼虫开始活动吸水时为喷药封垛适期，在化蛹前 20 天左右。在玉

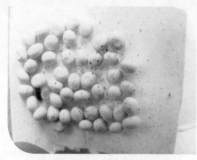

图 18　孵化出赤眼蜂的卵卡

图 19　人工撒施苏云金杆菌颗粒剂

米秸秆垛（或茬垛）的茬口侧面每隔 1m 左右（或每立方米）用木棍向垛内捣洞 20cm，将机动喷粉器的喷管插入洞中，启动机动喷粉器，加大油门进行喷粉，待对面（或上面）冒出白烟时或当本垛对面有菌粉飞出即可停止喷粉，再喷其他位置，如此反复，直到全垛喷完为止。

4. 科学用药 最佳防治时期为玉米心叶末期，即大喇叭口期。可选用 3% 辛硫磷颗粒剂 300 ~ 400g，以 1：15 比例与细沙拌匀后撒入喇叭口内，或每亩用 5% 阿维菌素水乳剂 15 ~ 20mL，或 40% 辛硫磷乳油 75 ~ 100g，或 20% 氯虫苯甲酰胺悬浮剂 5g，或 40% 氯虫·噻虫嗪水分散粒剂 10 ~ 12g，兑水 50kg，喷心叶。

二、草地贪夜蛾

分布与为害

　　草地贪夜蛾又称秋黏虫，属于鳞翅目夜蛾科，具远距离迁飞习性，起源于美洲热带、亚热带地区，肆虐于非洲，是联合国粮农组织全球预警的重大农业害虫。2018 年在非洲造成 30 多亿美元的经济损失，2019 年 1 月传入我国并迅速蔓延。

　　草地贪夜蛾是一种杂食性害虫，寄主植物特别广泛，取食最多的是玉米、棉花、高粱、水稻，还包括苜蓿、大麦、荞麦、燕麦、粟、花生、黑麦草、甜菜、苏丹草、大豆、烟草、番茄、马铃薯、洋葱、小麦（图 1）等 186 种寄主植物。

图 1　为害小麦等其他作物

形态特征

　　根据对寄主的偏好性，草地贪夜蛾分两个亚种，即取食玉米品系（也取食棉花和高粱）和取食水稻品系（也取食狗牙根和假高粱）。两个亚种在幼虫和成虫形态上不能区分，但在分子标记遗传构成和生理上能区分。

　　1.成虫　体长 15 ~ 20mm，翅展 32 ~ 40mm，前翅灰色至棕色。雄蛾环形纹和肾形纹明显，翅顶角处分别有两个大白斑，肾形纹内侧有白色楔形纹（图 2）。雌蛾通体颜色较均匀，呈灰色或棕色，环形纹和肾形纹略微明显（图3）。

2. 卵 卵块产，通常 100 ~ 200 粒堆积成块状，上覆盖有鳞毛，单个卵呈圆顶状，直径 0.4mm，高 0.3mm，初产时浅绿色或白色，孵化前渐变为棕色（图4）。

3. 幼虫 幼虫有6个龄期，由浅绿色变成棕色，高龄幼虫多呈棕色，体长1~45mm。典型特征是末端腹节背面有4个呈正方形排列的黑色毛瘤，3龄后头部可见倒"Y"形纹，俗称"头顶八万，尾挂四饼（麻将牌）"；背中线黄色，两侧分别有黄色亚背线（图5、图6）。

4. 蛹 雌蛹交配孔和产卵孔位于腹部第8节和第9节，连成一条纵裂缝；雄蛹殖孔位于腹部第9节，为一纵裂缝，周围常略微凸起（图7）。

图2 雄蛾

图3 雌蛾

图4 卵块

图5 幼虫黄色背中线与正方形黑色毛瘤

图6　幼虫头部倒"Y"形纹与腹节
　　背面4个正方形黑色毛瘤

图7　蛹

发生规律

　　幼虫期14～30天，蛹期7～37天，成虫期一般10～21天。幼虫不滞育，在夏季整个生活周期为30天，春季和秋季需60天，冬天需80～90天。在部分地区，比如在美国纽约和明尼苏达州到8月才见成虫，基本上是1代，是偶发性的破坏性害虫。在热带地区1年12代，如在佛罗里达沿海地区达到1年10代，是常发性害虫。随着草地贪夜蛾境外虫源不断迁入，不断定殖，很可能在我国南方形成周年繁殖区，类似美国一样，形成北迁南回，周年在我国发生为害。

　　幼虫在田间分布为聚集分布。孵化后的幼虫（图8）隐藏在玉米心叶、叶鞘等部位取食叶肉组织，留下表皮，形成半透明薄膜"窗孔"（图9），低龄幼虫有吐丝转株为害的特点，借助风力扩散转移到周围植株上继续为害；2、3龄幼虫取食叶片边缘，可以蛀洞为害生长点（图10），钻蛀穗尖（图11），取食籽粒；高龄幼虫食量大，对玉米的为害更重，取食叶片后形成不规则的长形孔洞（图12）；到末龄，因为自残性（图13）幼虫密度通常降到每株1～2头；6龄幼虫能够为害全生育期植株，在取食的最后2～3天，取食量占整个取食阶段的80%，大龄幼虫虫粪呈锯末状（图14）。老熟幼虫入土2～8cm筑土室化蛹。草地贪夜蛾幼虫最初很少见有取食为害根部的报道，但在天

图 8　初孵幼虫

图 9　低龄幼虫取食叶肉组织剩表皮，
　　　呈薄膜"窗孔"状

图 10　玉米叶片边缘与生长点被草
　　　地贪夜蛾取食为害状

图 11　幼虫钻蛀玉米雌穗穗尖

图 12　玉米叶片被害呈不规则的长形孔洞

图 13　幼虫具自残性

气干旱条件下，幼虫为寻找水分充足的部位，可见取食为害玉米茎基部形成孔洞，造成枯心苗。幼虫具有假死性，遇惊扰卷缩成"C"形。

图 14　草地贪夜蛾锯末状虫粪

成虫具有强烈的飞行能力和远距离迁飞习性；在下午开始活跃，进行寄主搜寻、求偶、交配和产卵。雌蛾释放性信息素吸引雄蛾，交配多于 1 次，卵块通常产在下面的叶片上，种群密度高的情况下，卵块能产在全株上。每块卵块 100 ~ 200 粒卵，单雌产卵量 1 000 ~ 2 000 粒卵。

成虫和幼虫都具有趋嫩特性，产卵为害喜选择相对幼嫩的植株及部位。

绿色防控技术

1.农业措施

（1）种植抗虫品种。种植早熟品种，早收获；种植抗病性强的品种及作物轮作；在美国，防控策略是种植转 Bt 基因玉米和棉花控制秋黏虫。

（2）栽培措施。播期提前，避免玉米播期不一致（图 15），给草地贪夜蛾不断提供食料来源（春播玉米和晚播夏玉米因种植面积较小，易受其集中为害）。

2. 理化诱控　常用方法为性诱剂诱杀。田间每亩悬挂 1 ~ 2 个草地贪夜蛾成虫性诱捕器（图 16），

图 15　不同播期的玉米田

50 亩以上连片使用，连片使用面积 100 亩以上时，每亩地 1 枚性诱芯。

3. 生态调控　采取生态调控措施，发挥自然天敌的作用。

（1）覆盖作物秸秆（图17）保护土壤表面，既增加碳元素改善土壤肥力，还能为蜘蛛、螳螂、甲虫和蚂蚁等捕食性天敌提供栖息地。

图16　草地贪夜蛾成虫诱捕器

图17　田间覆盖秸秆

（2）将玉米与吸引天敌的其他植物进行间作或轮作（如玉米与马铃薯、向日葵间作），增加田间的天敌昆虫种类和数量，并通过嗅觉提示的产生阻止害虫产卵。

（3）种植蜜源植物，吸引寄生蜂和蚂蚁种群。

（4）田间及边缘环境要多样化，如允许玉米行间杂草的生长或田边设草堆，为蜘蛛、甲虫、螳螂和蚂蚁等多食性捕食者提供栖息地，或为寄生蜂提供花蜜。

4. 生物防治

（1）保护利用天敌。草蛉幼虫和成虫（图18、19）可取食草地贪夜蛾害虫的卵和低龄幼虫；草地贪夜蛾的捕食性昆虫还有瓢虫（图20）、蝼步甲（图21）等。

（2）释放天敌。在玉米田大规模释放短管赤眼蜂、夜蛾黑卵蜂、黄带齿唇姬蜂、岛甲腹茧蜂，这些天敌可以寄生草地贪夜蛾卵，抑制草地夜蛾幼虫种群。

（3）生物农药防治。在卵孵化初期选择喷施苏云金杆菌以及多杀

图18　草蛉初孵幼虫

图19　草蛉成虫

图20　瓢虫成虫

图21　蝼步甲成虫

菌素、苦参碱、印楝素等生物农药。

5. 科学用药　低龄幼虫（3龄前）为防控的最佳时期，施药时间最好选择在清晨和傍晚，注意喷洒在玉米心叶、雄穗和雌穗等部位。目前防效较好的有氯虫苯甲酰胺、甲维盐（甲氨基阿维菌素苯甲酸盐）、茚虫威、溴氰虫酰胺、虫螨腈、高效氯氟氰菊酯等防控夜蛾科害虫的高效低毒杀虫剂。药剂进行喷雾防治，避免使用高毒农药，避免伤害自然天敌，注意轮换交替和复配使用不同作用方式的杀虫剂，以延缓草地贪夜蛾抗药性的产生。

用化学杀虫剂结合球孢白僵菌、金龟子绿僵菌防控草地贪夜蛾，可以改善真菌感染性，提高草地贪夜蛾的死亡率，降低杀虫剂的田间剂量，减少对环境的负面影响。

三、 棉铃虫

分布与为害

棉铃虫又名钻桃虫、钻心虫等，属鳞翅目夜蛾科，分布广，食性杂，可为害棉花、玉米、高粱、小麦、水稻、番茄、菜豆、豌豆、苜蓿、芝麻、向日葵、烟草、花生等多种农作物。

图1　为害玉米叶片

棉铃虫幼虫可食叶、蛀蕾、蛀花、蛀果（果穗），但以蛀果（果穗）为主。为害玉米时，幼虫食害嫩叶，成缺刻或孔洞（图1）；幼虫可咬断花丝（图2），造成部分籽粒不育，使果穗弯向一侧；幼虫还取食嫩穗轴和籽粒（图3），多数幼虫从果穗顶部取食，少数从果穗中部苞叶蛀洞，进入穗轴。

图2　为害玉米花丝

图3　为害玉米雌穗

形态特征

1.成虫　体长15～20 mm。前翅颜色变化大，雌蛾多黄褐色，雄蛾多绿褐色，外横线有深灰色宽带，带上有7个小白点，肾形纹和环形纹暗褐色（图4）。

2.卵　近半球形，初产时乳白色，近孵化时紫褐色（图5）。

3.幼虫　老熟幼虫体长40～45 mm，头部黄褐色，气门线白色，体背有十几条细纵线条，各腹节上有刚毛疣12个，刚毛较长。两根前胸侧毛（L1、L2）的连线与前胸气门下端相切，这是区分棉铃虫幼虫与烟青虫幼虫的主要特征。体色变化多，大致分为黄白色型、黄色红斑型、灰褐色型、土黄色型、淡红色型、绿色型、黑色型、咖啡色型、绿褐色型9种类型（图6、图7）。

4.蛹　长17～20 mm，纺锤形、黄褐色，5～7腹节前缘密布比体色略深的刻点，尾端有臀刺2个（图8、图9）。

图4　成虫

图5　卵

图6　黑色型棉铃虫

图7　绿色型棉铃虫

图 8　蛹

图 9　化蛹 2 天后

发生规律

棉铃虫在我国各地均有发生，一年发生 3 ～ 7 代。以滞育蛹在土下 3 ～ 10cm 越冬，黄河流域棉区 4 月中旬至 5 月上旬气温 15℃以上时开始羽化。第 1 代主要为害小麦和春玉米等作物，第 2 ～ 4 代主要为害棉花、玉米、豆类、花生、番茄等作物，第 4 代还为害高粱、向日葵和越冬苜蓿等。卵多产在嫩叶和生长点，幼虫孵化后先食卵壳，随后为害取食嫩叶、幼蕾、幼嫩的花丝和雄花。幼虫共 6 龄，少数 5 龄或 7 龄。1、2 龄幼虫有吐丝下垂习性，3 龄后转移为害，4 龄后食量大增，取食大蕾、花、青铃、果穗。幼虫 3 龄前多在叶面活动为害，是施药防治的最佳时机，3 龄后多钻蛀到棉花蕾铃内部和玉米苞叶内，不易防治。末龄幼虫入土化蛹，土室具有保护作用，羽化后成虫沿原道爬出土面后展翅。各虫态发育最适温度为 25 ～ 28℃，相对湿度为 70% ～ 90%。成虫有趋光性，对半枯萎的杨树枝把有很强的趋性。幼虫有自残习性。

绿色防控技术

1. 农业措施　清洁田园，搞好冬翻冬耕，压低越冬虫口基数。秋田收获后，及时深翻耙地（图 10、图 11）、冬灌（图 12），可消灭大量越冬蛹。麦收后及时浅耕灭茬（图 13），破坏土壤中蛹的生存环境。

图10 土地深耕

图11 深耕后耙地

图12 冬灌

图13 麦收后灭茬、还田

2. 理化诱控 利用棉铃虫的趋光性、趋化性等诱杀成虫，将其消灭在为害之前。

（1）灯光诱杀。成虫发生期利用频振式杀虫灯、高压汞灯、高空探照灯、黑光灯等诱杀成虫（图14、图15），集中连片成规模开展灯光诱杀效果更好。使用频振式杀虫灯、黑光灯等诱杀时，每30～50亩安装灯1盏，悬挂高度1.5～2m，每天19时至次日4时开灯。

（2）杨树枝诱杀。第2、3代棉铃虫成虫羽化期，将5～10枝高70cm左右的两年生杨树枝把，晾萎蔫后扎成一束，上紧下松呈伞形，傍晚插摆在田间，每亩10～15把，每天清晨日出之前集中用袋套住杨树枝把拍打捕杀隐藏其中的成虫。注意白天将枝把置于阴湿处，每7～10天更换新枝。在枝把叶片上喷蘸90%敌百虫可溶粉剂

图14 频振式杀虫灯　　　　　　　图15 高空探照杀虫灯

100～200倍液，可提高诱杀效果，还可诱杀烟青虫、黏虫、斜纹夜蛾、银纹夜蛾、金龟子等。

（3）性诱剂诱杀。利用性诱剂诱杀棉铃虫雄成虫。在田间安置棉铃虫性诱剂诱捕器（图16），等距网格式顺行分布，每亩安1套，高度距地面1.0～1.5m；或者自制诱捕装置，选用直径约30cm的水盆，注水至盆缘2～3cm或2/3处，水中加入少许煤油或洗衣粉混匀，将棉铃虫性诱剂诱芯1～2个固定在水盆上方，距水面1～3cm高度，每3天清理1次死虫，并及时补充盆内因蒸发失去的水分，根据产品性能，定期更换诱芯。

（4）食饵诱杀。650g/L夜蛾利它素饵剂等食诱剂对很多害虫有强烈的吸引作用。在棉铃虫羽化始盛期，将棉铃虫食诱剂与水按一定比例及适量胃毒杀虫剂混匀，倒入盘形容器内（图17），放入田间或周边，及时检查补充水分；或者用背负式喷雾器等喷淋到植株叶片上，每带喷20m长，间隔50～100m喷一带，在成虫盛期间隔5～7天喷1次。可诱杀取食补充营养的棉铃虫及玉米螟、银纹夜蛾、甜菜夜蛾、金龟子等害虫成虫。

3. 生态调控　在玉米田边或插花种植棉花、苘麻、高粱、留种洋葱、胡萝卜等作物形成诱集带，于盛花期可诱集棉铃虫产卵，集中杀灭。同时，合理套种轮作也能增加田间生物多样性，发挥天敌的自然控制作用。在诱集植物上喷施0.1%的草酸溶液，可提高诱集效果。

图16　棉铃虫诱捕器　　　　图17　盘形食诱容器

4. 生物防治

（1）保护利用天敌。田间棉铃虫的天敌种类较多，寄生性天敌昆虫有卵寄生蜂赤眼蜂（图18）、幼虫寄生蜂齿唇姬蜂，捕食性天敌昆虫有草蛉、蜘蛛（图19）、异色瓢虫、龟纹瓢虫、胡蜂、螳螂等，真菌类有白僵菌、绿僵菌（图20、图21），细菌类有苏云金杆菌。在山东、河南等地，6月中旬至7月中旬是天敌的发生盛期，此期在使用药剂防治病虫害时，应改进施药方法，选用高效、低毒、低残留、选择性强、对天敌安全或杀伤小的农药品种，充分发挥天敌的自然控制作用。

（2）释放天敌。在棉铃虫产卵盛期，人工释放赤眼蜂3次，每次间隔5~7天，放蜂量为每次每亩1.2万~1.4万只，每亩均匀放置5~8个点。在田中间放置松毛虫赤眼蜂卵卡或卵球，每亩放蜂1.2万~1.5万头，分2~3次释放。

（3）生物农药防治。棉铃虫卵始盛期，每亩16 000IU/mg苏云金杆菌可湿性粉剂100~150g，或10亿个/g棉铃虫核型多角体病毒（NPV）可湿性粉剂80~100g，兑水40kg喷雾。或选用150亿个孢子/g球孢白僵菌可湿性粉剂150~250倍液，或100亿孢子/mL短稳杆菌悬浮剂500~1 000倍液，或0.5%藜芦碱可溶液剂600~800倍液，或10%多杀霉素悬浮剂1 500~2 000倍液等均匀喷雾，每亩喷药液

图18 赤眼蜂

图19 蜘蛛

图20 被白僵菌寄生的棉铃虫

图21 被绿僵菌寄生的棉铃虫

40 ~ 60kg。间隔 7 ~ 10 天防治 1 次,发生严重时,连续防治 2 ~ 3 次。

5. 科学用药 幼虫 3 龄前选用 50% 辛硫磷乳油 1 000 ~ 1 500 倍液,或 40% 毒死蜱乳油 1 000 ~ 1 500 倍液,或 4.5% 高效氯氰菊酯乳油 1 500 ~ 2 000 倍液,或 2.5% 溴氰菊酯乳油 1 500 ~ 2 000 倍液,或 5% 氟铃脲乳油 300 ~ 600 倍液,或 10% 溴氰虫酰胺可分散油悬浮剂 3 000 ~ 4 000 倍液,或 15% 茚虫威悬浮剂 3 000 ~ 4 000 倍液,均匀喷雾。防治适期为卵孵盛期至 2 龄幼虫期,以卵孵盛期喷药效果最佳。喷药时可加入 0.03% 的有机硅或 0.2% 洗衣粉作为展着剂,间隔 7 ~ 10 天喷 1 次,根据虫情酌情喷药 2 ~ 3 次,轮换用药,可兼治蚜虫、蓟马、甜菜夜蛾、银纹夜蛾等叶部害虫。

四、　黏　虫

分布与为害

黏虫又称东方黏虫、行军虫、夜盗虫、剃枝虫、五彩虫、麦蚕等，属鳞翅目夜蛾科。黏虫在我国除新疆未见报道外，遍布全国各地。

黏虫幼虫咬食叶片，1～2龄幼虫仅食叶肉形成小孔，3龄后才形成缺刻（图1），5～6龄达暴食期，发生严重时将叶片吃光，植株成为光杆（图2），造成严重减产，甚至绝收。当一块田被吃光后，幼虫常成群迁到另一块田为害，故又名"行军虫"。黏虫除为害小麦、水稻外，在杂粮田还为害玉米、高粱、谷子等多种禾本科作物和杂草。

图1　蚕食玉米叶片

图2　吃光成株期玉米叶片呈光杆状

形态特征

1.成虫　体淡褐色或黄褐色，体长16～20mm，雄蛾颜色较深。前翅近前缘中部有2块淡黄色圆斑，外面圆斑的下面有1个小白点，白点两侧各有1个小黑点，自顶角至后缘有1条黑色斜纹（图3）。

2.卵 馒头形，初产时白色，渐变黄色，孵化时黑色。卵粒常排列成2～4行或重叠堆积成块，每个卵块一般有几十粒至百余粒卵（图4）。

3.幼虫 共6龄，老熟幼虫体长35～40mm。体色随龄期和虫口密度大幅变化，体色从淡绿色发展至黑褐色。头部有"八"字形黑纹，体背有5条不同颜色的纵线，腹部整个气门孔为黑色，具光泽（图5）。

4.蛹 棕褐色，腹部背面第5～7节后缘各有1列齿状点刻，尾端有刺6根，中央2根较长（图6）。

图3 成虫

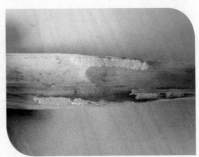

图4 卵

图5 幼虫

图6 蛹

发生规律

黏虫属迁飞性害虫，其越冬分界线在北纬33°一带，我国从北到南一年发生2～8代。河南省一年发生4代。第1代幼虫发生于4月下旬至5月上旬，主要在黄河以南麦田为害；第2代幼虫发生在6月下旬，主要为害玉米；第3代幼虫发生于7月底至8月中上旬，主要为害玉米、谷子；第4代幼虫发生于9月中下旬，主要取食杂草，个别年份发现10月中下旬为害小麦。成虫产卵于叶尖或嫩叶、心叶皱缝间，常使叶片成纵卷。幼虫共6龄，初孵幼虫行走如尺蠖，有群集性，1、2龄幼虫多在植株基部叶背或分蘖叶背光处为害，3龄后食量大增，5～6龄进入暴食阶段，其食量占整个幼虫期的90%左右。3龄后的幼虫有假死性，受惊动迅速蜷缩坠地，晴天白昼潜伏在根处土缝中，傍晚后或阴天爬到植株上为害。老熟幼虫入土化蛹。该虫各虫态的适宜温度为10～25℃，适宜相对湿度为85%。气温低于15℃或高于25℃，产卵明显减少，气温高于35℃即不能产卵。成虫需取食花蜜补充营养。天敌主要有步行甲、蛙类、鸟类、寄生蜂、寄生蝇等。

绿色防控技术

1. 农业措施

（1）清除田园。清除田间玉米秸秆，用作燃料或堆沤作堆肥，以杀死潜伏在秆内的虫蛹。

（2）合理轮作。待玉米出苗后要将秸秆清出田外（图7），浅耕灭茬（图8），及时除草，破坏玉米黏虫的栖息环境，减少成虫基数及产卵。

2. 理化诱控

黏虫的成虫具有很强的趋光、趋化习性，对糖醋液比较敏感，可以利用这些特性采用灯光、性诱剂及糖醋液引诱，进行

图7　利用打捆机清除田间秸秆

生物防治，可有效减少成虫数量，降低虫口密度。

（1）性诱剂诱杀。田间每亩悬挂一台黏虫性诱捕器，诱杀雄成虫（图9）。

（2）灯光诱杀。利用成虫的趋光性，安装黑光灯、高空灯、频振式杀虫灯（图10）诱杀成虫。

图8　玉米前茬的浅耕灭茬

图9　性诱捕器诱捕雄成虫

图10　频振式杀虫灯诱杀成虫

（3）谷草把诱杀。利用成虫多在禾谷类作物叶上产卵的习性，进行诱杀。在玉米田插谷草把或稻草把，每亩插60～100个，每5天更换新草把，换下的草把要集中烧毁。

（4）糖醋液诱杀。利用成虫对糖醋液的趋性，诱杀成虫（图

11）。用 0.5 份红糖、2 份食用醋、0.5 份白酒、8 份水加少许敌百虫或其他农药搅匀后，盛于盆内，置于距地面 1m 左右的田间，500m 左右设 1 个点，每 5 天更换 1 次药液。

（5）食饵诱杀。650g/L 夜蛾利它素饵剂等食诱剂诱杀成虫（图12）。在黏虫羽化始盛期，将食诱剂与水按一定比例及适量胃毒杀虫剂混匀，倒入盘形容器内，放入田间或周边，及时检查补充水分；或者用背负式喷雾器等喷淋到植株叶片上，可诱杀取食补充营养的黏虫、棉铃虫、玉米螟、斜纹夜蛾及甜菜夜蛾等害虫成虫。

图 11　糖醋液诱杀的黏虫成虫　　　图 12　食诱剂诱杀的黏虫成虫

3. 生物防治

（1）保护利用天敌。释放赤眼蜂或田埂种植或间作套种芝麻、大豆、辣椒等显花植物，保护利用蜘蛛、寄生蜂、青蛙等天敌防治黏虫。

（2）生物农药防治。在黏虫卵孵化盛期喷施苏云金杆菌（Bt）制剂，低龄幼虫期可用灭幼脲防治。每亩可用灭幼脲 1 号（有效成分 1 ~ 2g）或灭幼脲 3 号（有效成分 3 ~ 5g），兑水 30kg，均匀喷雾。

4. 科学用药　
防治适期要掌握在幼虫 3 龄前。可用 90% 晶体敌百虫或 50% 辛硫磷乳油 1 000 ~ 1 500 倍液，4.5% 高效氯氰菊酯乳油或2.5% 溴氰菊酯乳油 2 500 ~ 3 000 倍液，喷雾防治。注意药剂的轮换交替使用，以延缓抗药性的产生。

五、 甜菜夜蛾

分布与为害

甜菜夜蛾又名贪夜蛾、玉米小夜蛾，属鳞翅目夜蛾科。该虫分布广泛，在我国各地均有发生。寄主植物有170余种，可为害甜菜、大豆、芝麻、花生、玉米、棉花、麻类、烟草、蔬菜等多种作物。

初孵幼虫群集叶背，吐丝结网，在网内取食叶肉，留下表皮，形成透明的小孔（图1）。3龄后分散为害，可将叶片吃成孔洞或缺刻，严重时

图1 为害玉米

仅剩叶脉和叶柄，造成幼苗死亡，缺苗断垄，甚至毁种，对产量影响大。

形态特征

1.成虫 体长8～10 mm，翅展19～25mm，灰褐色，头、胸有黑点。前翅中央近前缘外方有1个肾形斑，内方有1个土红色圆形斑。后翅银白色，翅脉及缘线黑褐色（图2）。

图2 成虫

2.卵　圆球状，白色，成块产于叶面或叶背，每块8～100粒不等，排为1～3层，因外面覆有雌蛾脱落的白色绒毛，不能直接看到卵粒（图3）。

图3　卵（外面覆有绒毛）

3.幼虫　共5龄，少数6龄。末龄幼虫体长约22mm，体色变化很大，由绿色、暗绿色、黄褐色、褐色至黑褐色。背线有或无，颜色各异。腹部气门下线为明显的黄白色纵带，有时带粉红色，直达腹部末端，不弯到臀足上，这是区别于甘蓝夜蛾的重要特征。各节气门后上方具1个明显白点（图4）。

4.蛹　长10mm，黄褐色，中胸气门外突（图5）。

图4　幼虫

图5　蛹

发生规律

甜菜夜蛾在黄河流域一年发生4～5代，长江流域一年发生5～7代，世代重叠。通常以蛹在土室内越冬，少数以老熟幼虫在杂草上及土缝中越冬，冬暖时仍见少量取食。亚热带和热带地区可周年发生，无越冬休眠现象。成虫昼伏夜出，白天隐藏在杂草、土块、土缝、枯枝落叶的浓荫处，夜间出来活动，有两个活动高峰期，即晚上7～10

时和早上 5 ~ 7 时进行取食、交配、产卵，成虫趋光性强。卵多产于叶背面、叶柄部或杂草上，卵块 1 ~ 3 层排列，上覆白色绒毛。幼虫共 5 龄（少数 6 龄），3 龄前群集为害，但食量小，4 龄后食量大增，昼伏夜出，有假死性，虫口过大时，幼虫可互相残杀。幼虫转株为害常从下午 6 时以后开始，凌晨 3 ~ 5 时活动虫量最多。常年发生期为 7 ~ 9 月，南方如春季雨水少、梅雨明显提前、夏季炎热，则秋季发生严重。幼虫和蛹抗寒力弱，北方地区越冬死亡率高，间歇性局部猖獗为害。

绿色防控技术

1. 农业措施

（1）水旱轮作。甜菜夜蛾发生严重地块，选择间作套种或轮作模式。推广水旱轮作（模式为菜—稻水旱轮作），冬种蔬菜的种植时期主要集中在冬季（11 月至翌年 4 月），可造成不利于甜菜夜蛾羽化的环境，明显降低下一代虫口密度，减轻为害。

（2）清洁田园。清除杂草和田间的残枝落叶，集中深埋或沤肥。

（3）中耕和灌溉。在玉米生长期可疏松表土，提高地温、调节土壤水分含量，同时破坏甜菜夜蛾化蛹场所（图 6）；在化蛹高峰期进行浇水（图 7），消灭虫源。

（4）人工摘除卵块。在甜菜夜蛾产卵盛期人工摘卵，间隔 2 ~ 3 天摘一次卵块，对甜菜夜蛾幼虫发生量有明显的控制效果。

图 6　玉米苗期行间深松

图 7　玉米田浇水

2. 理化诱控

（1）灯光诱杀。在每年3月初，利用频振式杀虫灯或太阳能黑光灯诱杀甜菜夜蛾，诱虫灯的布局采取棋盘状，同时要经常清洗高压触杀网和接虫袋。

（2）性诱剂+病毒杀虫剂诱杀。通过专用的甜菜夜蛾防控器，利用性引诱剂的引诱作用使雄成虫至诱捕器并染毒，其与雌成虫交尾产卵后间接传染病毒于卵，造成初孵幼虫死亡。甜菜夜蛾诱捕器底部距离作物顶部20cm，每亩设置1个诱捕器。诱捕器安装应呈平行线排列，每个诱捕器1枚诱芯，隔30~40天更换一次诱芯。及时清理诱捕器中的死虫。

甜菜夜蛾和斜纹夜蛾的诱芯同时使用对各自的诱捕效果均存在干扰，建议两种性引诱剂不同时使用。

3. 生物防治

甜菜夜蛾的天敌种类较多，寄生性天敌主要有寄生蜂、寄生蝇和病原微生物，如拟澳洲赤眼蜂、螟蛉悬茧姬蜂、缘腹绒茧蜂、埃及等鬃寄蝇等，捕食性天敌主要有步甲、瓢虫、螳螂、猎蝽、虻、草蛉、蚂蚁、蜘蛛、蛙、鸟雀等，病原微生物主要有绿僵菌、白僵菌、苏云金杆菌、老虎六索线虫、核型多角体病毒、微孢子虫等。这些天敌对甜菜夜蛾的暴发有十分重要的控制作用。

（1）释放天敌。大田初见甜菜夜蛾卵块时释放赤眼蜂，可提高卵块寄生率；在卵块孵化初期，释放马尼拉陡胸茧蜂，增加其种群数量，提高幼虫寄生率。

（2）生物农药防治。在甜菜夜蛾卵孵化盛期至低龄幼虫期，每亩用5亿个/g甜菜夜蛾核型多角体病毒可湿性粉剂800~1000mL，或16 000IU/mg苏云金杆菌可湿性粉剂50~100g喷雾，隔7天喷1次，连喷2次。在阴天或黄昏时重点喷施新生部分及叶片背面等部位，阳光直射明显影响防治效果。

田间喷施白僵菌、绿僵菌寄生甜菜夜蛾的幼虫和蛹。每亩用0.5~0.75 kg（每1 g含孢子100亿个）白僵菌粉或绿僵菌粉配制成含孢子量1亿~1.5亿个/mL的菌液50 kg，按水量加入0.15%~0.2%的洗衣粉，形成悬浮液。喷施时结合虫情预报和气象预报，阴天施药效果较好。

4. 科学用药　1～3龄幼虫高峰期,用20%灭幼脲悬浮剂800倍液,可选用5%氯虫苯甲酰胺悬浮剂、5%氟铃脲乳油、5%氟虫脲分散剂1 000～1 500倍液,或15%茚虫威悬浮剂2 000～3 000倍液,喷雾防治。根据甜菜夜蛾幼虫晴天傍晚6时后会向植株上部迁移的特点,应在傍晚喷药防治,注意叶面、叶背均匀喷雾,使药液能直接喷到虫体及其为害部位。同时为延缓甜菜夜蛾产生抗药性,使用药剂要轮换应用,每种药剂在一个生长季节使用次数不要超过2次。

六、　斜纹夜蛾

分布与为害

斜纹夜蛾又名莲纹夜蛾、斜纹夜盗蛾，属鳞翅目夜蛾科。我国各地均有分布，以长江流域和黄河流域发生严重。该虫食性杂、寄主植物广泛，在蔬菜上可为害甘蓝、白菜、莲藕、芋头、苋菜、马铃薯、茄子、辣椒、番茄、豆类、瓜类、菠菜、韭菜、葱类等，大田作物上主要为害甘薯、花生、大豆、芝麻、烟草、向日葵、甜菜、玉米、高粱、水稻、棉花等多种作物。

斜纹夜蛾以幼虫为害作物的叶片、蕾、花等。低龄幼虫在叶背取食下表皮和叶肉，留下上表皮和叶脉形成窗纱状，有时可咬食蕾、花瓣和茎秆；高龄幼虫可蛀食果实，取食叶片形成孔洞和缺刻（图1）。种群数量大时可将植株吃成光杆或仅留叶脉。

图1　为害叶片，呈孔洞或缺刻

形态特征

1.成虫　体长14～21 mm，展翅33～42mm。体深褐色，头、胸、腹褐色。前翅灰褐色，内外横线灰白色，有白色条纹和波浪纹，前翅环纹及肾纹白边。后翅半透明，白色，外缘前半部褐色（图2、图3）。

图2　成虫（正面）　　　　　　　图3　成虫（侧面）

2.卵　半球形，卵粒常常3～4层重叠成块，卵块椭圆形，上覆黄褐色绒毛。

3.幼虫　老熟幼虫体长38～51 mm，黄绿色，杂有白斑点，第2、3节两侧各有2个小黑点，第3、4节间有1条黑色横纹，横贯于亚背线及气门线间，第10、11节亚背线两侧各有1个黑点，气门线上亦有黑点（图4）。

4.蛹　赤褐色至暗褐色。腹部第4节背面前缘及第5～7节背、腹面前缘密布圆形刻点。气门黑褐色，呈椭圆形。腹端有臀棘1对，短，尖端不成钩状（图5、图6）。

图4　老熟幼虫　　　　　图5　化蛹7天　　　　　图6　化蛹10天后

发生规律

斜纹夜蛾在长江流域一年发生5~6代，黄河流域一年发生4~5代，华南地区可终年繁殖。6~10月为发生期，以7~8月为害严重。以蛹越冬，翌年3月羽化。成虫昼伏夜出，黄昏开始活动，对灯光、糖醋液、发酵的胡萝卜和豆饼等有强趋性。成虫有随气流迁飞习性，早春由南向北迁飞，秋天又由北向南迁飞。卵块上面覆盖绒毛。幼虫共6龄，老熟幼虫做土室或在枯叶下化蛹，啃食叶肉留下表皮呈窗纱透明状，能吐丝并随风扩散。2龄后分散为害，3龄后多隐藏于荫蔽处，4龄后进入暴食期，当食料不足时有成群迁移的习性。斜纹夜蛾为喜温性害虫，最适温度为28~30℃，抗寒力弱。水肥条件好、生长茂密田块发生严重。土壤干燥对其化蛹和羽化不利，大雨和暴雨对低龄幼虫和蛹均有不利影响。

绿色防控技术

1. 农业措施

（1）连片种植，减少插花种植。斜纹夜蛾食性杂、取食寄主植物多，产卵趋向高大的植物，蜜源植物多可促进斜纹夜蛾发生，应提倡作物连片种植。

（2）清洁田园。作物收获后，要及时清除枯枝落叶，铲除田间及周边杂草，破坏或恶化害虫滋生环境，有助于减少虫源。收获后翻耕晒土或灌水，精细整地，通过机械损伤、不良气候影响或让天敌侵食等，消灭部分越冬蛹。

（3）人工捕杀。结合疏枝叶、疏花果管理，人工抹杀卵块和群集为害的初孵幼虫；利用幼虫假死性，振落捕杀。

2. 理化诱控

利用频振式杀虫灯、黑光灯、糖醋液、食诱剂或豆饼、甘薯发酵液诱杀成虫。

3. 生物防治

（1）利用自然天敌。斜纹夜蛾自然天敌主要有草蛉、猎蝽、蜘蛛、步甲等，作物田尽量少用化学农药，可减少对天敌的杀伤。

（2）生物农药防治。卵孵化盛期至低龄幼虫期，每亩用 10 亿个 /g 斜纹夜蛾核型多角体病毒可湿性粉剂 800 ～ 1 000 倍液，或 100 亿孢子 /mL 短稳杆菌悬浮剂 800 ～ 1 000 倍液喷雾（图 7）。

4. 科学用药 卵孵化盛期至低龄幼虫期，用 2.5% 溴氰菊酯乳油 2 000 ～ 3 000 倍液，或 48% 毒死蜱乳油 1 000 倍液，或 20% 灭

图 7　甜菜夜蛾感染病毒死亡

幼脲悬浮剂 800 倍液，或 1.8% 阿维菌素乳油 1 000 倍液，均匀喷雾。由于斜纹夜蛾白天不活动，喷药应在午后或傍晚进行。

七、　二点委夜蛾

分布与为害

　　二点委夜蛾主要分布于日本、朝鲜，以及欧洲各国，2005—2007年在河北省发现该虫为害夏玉米幼苗，是为害夏玉米的新害虫，食性杂、寄主范围广。该虫的幼虫主要为害夏玉米苗，也为害小麦、花生、大豆幼苗等。幼虫为害时主要从玉米幼苗茎基部钻蛀到茎心后向上取食，形成圆形或椭圆形孔洞（图1、图2），钻蛀较深，切断生长点时，可使心叶失水萎蔫，形成枯心苗（图3），严重时直接蛀断，整株死亡；或取食玉米气生根系（图4），造成玉米苗倾斜或侧倒（图5）。

图1　为害玉米苗根茎部，呈圆形或椭圆形孔洞

图2　幼虫从玉米苗根茎部钻蛀到茎心后向上取食，呈椭圆形孔洞

图3　为害玉米苗造成枯心苗

图4　幼虫为害玉米根系状　　　　图5　为害玉米苗造成侧倒

形态特征

1.成虫　体长10～12 mm，灰褐色；前翅黑灰色，有暗褐色细点；内线、外线暗褐色，环纹为一黑点（图6）；后翅银灰色，有光泽。

2.卵　呈馒头状，单产，上有纵脊，初产黄绿色，后土黄色，直径不到1 mm。

3.幼虫　老熟幼虫体长14～18 mm，黄黑色到黑褐色，头部褐色，腹部背面有两条褐色背侧线，到胸节消失，各体节背面前缘具有一个倒三角形的深褐色斑纹，体表光滑（图7）。

4.蛹　长10 mm左右，淡黄褐色渐变为褐色（图8）。

图6　成虫　　　　　　　　　图7　幼虫

图8　蛹

发生规律

　　二点委夜蛾一年发生多代，有严重的世代重叠性。成虫昼伏夜出，白天隐藏在玉米下部叶背或土缝间，特别是麦秸下。幼虫在6月下旬至7月上旬为害夏玉米苗，有假死性，受惊后蜷缩成"C"形（图9）；一般顺垄为害，有转株为害习性；有群居性，多头幼虫常聚集在一株玉米苗下为害，可达8~10头（图10）；白天喜欢躲在玉米幼苗周围的碎麦秸下或在2 cm左右的土缝内为害玉米苗；麦秆较厚的玉米田发生较重。除为害玉米外，还为害大豆、花生，该虫还取食麦秸和麦糠下萌发的小麦籽粒和自生苗。

图9　幼虫蜷缩成"C"形

图10　聚集为害状

绿色防控技术

重点防控时期是在麦收后到夏玉米6叶期前。

1. 农业措施

（1）麦收后灭茬和清茬。在玉米播前进行麦田灭茬或浅旋耕灭茬后再播种玉米（图11），清除播种沟的麦茬和麦秆残留物（图12）；或施用腐熟剂促使麦茬及麦秆残留物腐烂（图13），破坏害虫滋生环境条件。该措施不仅可有效减轻二点委夜蛾为害，也可提高玉米的播种质量，齐苗壮苗。

图11　小麦灭茬后播种玉米　　　　图12　利用打捆机清除田间秸秆

图13　麦收后施用秸秆腐熟剂，田间撒施

（2）及时人工除草和化学除草（图14），破坏害虫滋生环境条件；提高播种质量，培育壮苗，提高抗病虫能力。

2. 理化诱控 成虫有较强的趋光性，利用黑光灯、杀虫灯和糖醋液诱集成虫，集中消灭，压低成虫基数，减轻其后代为害。

3. 生物防治 目前发现的二点委夜蛾的天敌有侧沟茧蜂、黄斑青步甲和铺道蚁，以及苏云金杆菌、球孢白僵菌、绿僵菌、黄曲霉和青霉。也有报道蚂蚁、蜘蛛、螳螂、鸟类等天敌捕食二点委夜蛾越冬幼

图14 喷杆喷雾机化学除草

虫，需进一步进行生物测定并开发应用于生物防治。

4. 科学用药

（1）撒毒饵。每亩用4～5kg炒香的麦麸或粉碎后炒香的棉籽饼，与兑少量水的90%晶体敌百虫，或40%毒死蜱乳油，或50%辛硫磷乳油500mL拌成毒饵；也可用甲维盐、氯虫苯甲酰胺配制毒饵，在傍晚顺垄撒在玉米根部周围。

（2）撒毒土。每亩用50%辛硫磷乳油300～500mL拌25kg细土制成毒土，或每亩用0.7%噻虫·氟氯氰颗粒剂1.5～3kg等，顺垄撒于经过清垄的玉米根部周围，围棵保苗。毒土要与玉米苗保持一定距离，以免产生药害。

（3）灌药。用50%辛硫磷乳油1kg/亩，在浇地时随水将药灌入田中。

（4）喷灌保苗。将喷头拧下，逐株喷施玉米根茎部，药剂可选用5%甲氨基阿维菌素苯甲酸盐可溶粒剂3 000倍液，或20%氯虫苯甲酰胺悬浮剂5 000倍液等。喷灌时药液量要大，保证渗到玉米根周围30cm左右害虫藏匿的地方。

八、 桃蛀螟

分布与为害

桃蛀螟，又名桃蠹、桃斑蛀螟，俗称蛀心虫、食心虫，在国内分布普遍，以河北至长江流域以南的桃产区发生最为严重。寄主广泛，除为害桃、苹果、梨等多种果树的果实外，还可为害玉米、高粱、向日葵等。该虫为害玉米雌穗，以啃食或蛀食籽粒为主（图1、图2），也可钻蛀穗轴、穗柄及茎秆（图3）。该虫有群居性，蛀孔口堆积颗粒状的粪屑（图4），可与玉米螟、棉铃虫混合为害，严重时整个雌穗都被毁坏。被害雌穗较易感染穗腐病。茎秆、雌穗柄被蛀后遇风易折断。

图1 取食雌穗籽粒

图2 蛀食雌穗籽粒余表皮状

图3　幼虫钻蛀玉米茎秆状

图4　排出颗粒状粪屑

形态特征

1.成虫　体长12mm，翅展22～25mm；体黄色，翅上散生多个黑斑，类似豹纹（图5）。

2.卵　椭圆形，长0.6mm，宽0.4mm，表面粗糙，有细微圆点，初时乳白色，后渐变橘黄色至红褐色。

3.幼虫　体长22～25mm，体色多暗红色，也有淡褐、浅灰、浅灰蓝等色。头、前胸盾片、臀板呈暗褐色或灰褐色，各体节毛片明显，第1～8腹节各有6个灰褐色斑点，前面4个，后面2个，呈两横排列（图6）。

4.蛹　长14 mm，褐色，外被灰白色椭圆形茧。

图5　成虫

图6　幼虫

发生规律

桃蛀螟一年发生2~5代，世代重叠严重。以老熟幼虫在玉米秸秆、叶鞘、雌穗中、果树翘皮裂缝中结厚茧越冬，翌年化蛹羽化。成虫有趋光性和趋糖蜜性，卵多散产在穗上部叶片、花丝及其周围的苞叶上，初孵幼虫多从雄蕊小花、花梗及叶鞘、苞叶部蛀入为害。喜湿，多雨高湿年份发生重，少雨干旱年份发生轻。卵期一般6~8天，幼虫期15~20天，蛹期7~9天，完成一个世代需一个多月。第1代卵盛期在6月上旬，幼虫盛期在6月中上旬；第2代卵盛期在7月中上旬，幼虫盛期在7月中下旬；第3代卵盛期在8月上旬，幼虫盛期在8月中上旬。幼虫为害至9月下旬陆续老熟，转移至越冬场所越冬。

绿色防控技术

1. 农业措施

（1）处理秸秆和土壤，降低越冬幼虫数量。玉米收获时秸秆粉碎还田（图7），冬前高粱、玉米要脱空粒，并及时处理高粱、玉米、向日葵等寄主的秸秆、穗轴及向日葵盘，消灭其中的幼虫；深翻土地，冻、晒垡，杀伤在土壤内越冬的幼虫，减少越冬幼虫基数。

图7　秸秆还田

（2）种植诱集带。与向日葵、高粱等间作，诱集桃蛀螟成虫产卵。利用桃蛀螟成虫对向日葵花盘的嗜食性强、喜在其上产卵的特性，分期分批种植向日葵，招引成虫产卵，待幼虫老熟前，集中处理，可以有效减小虫口密度。

2. 理化诱控

（1）灯光诱杀。在成虫发生期，采用频振式杀虫灯、黑光灯诱杀成虫，以减轻下代为害。以频振式杀虫灯，或20W黑光灯40~60亩一盏灯为宜。

（2）性诱剂诱杀。桃蛀螟性诱芯诱捕器，每亩均匀悬挂 5 ~ 6 个，距地面 1.0 ~ 1.5m 高，14 ~ 21 天更换一次性诱芯。

（3）食饵诱杀。每亩用 5 盆糖醋液诱集盆，效果显著。

3. 生物防治

（1）释放天敌。桃蛀螟产卵期可用赤眼蜂进行防治，每亩释放赤眼蜂 1 万 ~ 2 万只。

（2）保护利用天敌。要注意保护好和利用好绒茧蜂、广大腿小蜂、抱缘姬蜂、蜘蛛等天敌。

4. 科学用药 药剂防治参见"玉米螟"。

九、 高粱条螟

　　高粱条螟又称甘蔗条螟、条螟、高粱钻心虫、蛀心虫等，分布于我国东北、华北、华东和华南，常与玉米螟混合发生，主要为害高粱和玉米，还可为害粟、薏米、麻类等作物。

　　高粱条螟多蛀入茎内或蛀穗取食为害，咬空茎秆，受害茎秆遇风易折断，蛀茎处可见较多的排泄物和虫孔，蛀孔上部茎叶由于养分输送受阻，常呈紫红色。该虫也可在苗期为害，以初龄幼虫蛀食嫩叶，形成排孔花叶，排孔较长（图1），低龄幼虫群集为害，在心叶内蛀食叶肉，残留透明表皮（图2），龄期增大则咬成不规则小孔，有的咬伤生长点，使幼苗呈枯心状。

图1　为害叶片成排孔状

图2　为害叶片残留透明表皮状

形态特征

1.成虫　黄灰色，体长10～14mm，翅展24～34mm，前翅灰黄色，中央有1小黑点，外缘有7个小黑点，翅正面有20多条黑褐色纵纹，后翅色较淡。

2.卵　扁椭圆形，长1.3～1.5mm，宽0.7～0.9mm，表面有龟状纹。卵块由双行卵粒排成"人"字形，每块有卵10余粒，初产时乳白色，后变深黄色。

3.幼虫　初孵幼虫乳白色，上有许多红褐色斑连成条纹。老熟幼虫淡黄色，体长20～30mm。幼虫分夏、冬两型。夏型幼虫胸腹部背面有明显的淡紫色纵纹4条，腹部各节背面有4个黑色斑点，上生刚毛，排成正方形，前两个卵圆形，后两个近长方形（图3）。冬型幼虫越冬前蜕一次皮，蜕皮后体背出现4条紫色纵纹，黑褐斑点消失，腹面纯白色（图4）。

4.蛹　红褐色或暗褐色，长12～16mm，腹部第5～7节背面前缘有深色不规则网纹，腹末有2对尖锐小突起。

图3　夏型幼虫

图4　冬型幼虫

发生规律

高粱条螟在华南一年发生4～5代，长江以北旱作地区常年发生2代。以老熟幼虫在玉米和高粱秸秆中越冬，也有少数幼虫越冬于玉米穗轴中。初孵幼虫钻入心叶，群集为害，或在叶片中脉基部为害。3

龄后，由叶腋蛀入茎内为害。成虫昼伏夜出，有趋光性、群集性。越冬幼虫在翌年5月中下旬化蛹，5月下旬至6月上旬羽化。第1代幼虫于6月中下旬出现，为害春玉米和春高粱；第1代成虫在7月下旬至8月上旬盛发，产卵盛期在8月中旬；第2代幼虫出现在8月中下旬，多数在夏高粱、夏玉米心叶期为害；老熟幼虫在越冬前蜕皮，变为冬型幼虫越冬。

该虫在越冬基数较大、自然死亡率低、春季降水较多的年份，第1代发生严重。一般田间湿度较高对其发生有利。

绿色防控技术

1. 农业措施　采用粉碎、烧毁、沤肥等方法处理秸秆以及苍耳、龙葵等杂草，深翻土地，冻、晒垡，能有效地减少越冬虫源。

2. 理化诱控　在成虫发生期，采用频振式杀虫灯、黑光灯、性诱剂或用糖醋液诱杀成虫，以减轻下代为害。

3. 生物防治　在卵盛期释放赤眼蜂，每亩1万只左右，隔7～10天放1次，连续放2～3次。也可采用白僵菌、绿僵菌、姬蜂、啄木鸟等进行防治，降低高粱条螟为害程度。

4. 科学用药　在幼虫蛀茎之前防治，此时幼虫在心叶内取食，可喷雾或向心叶内撒施颗粒剂杀灭幼虫。药剂防治参见"玉米螟"。

十、 大 螟

分布与为害

大螟在我国中南部都有发生，以南方各省的局部地区发生较多。寄主广泛，可为害水稻、玉米、高粱、甘蔗、小麦、粟、茭白及向日葵等作物，以及多种禾本科杂草。该虫以幼虫为害玉米。苗期受害后叶片上出现孔洞或植株出现枯心、断心、烂心、矮化，甚至形成死苗。在喇叭口期受害后，可在展开的叶片上见到排孔。幼虫喜取食尚未抽出的嫩雄穗，还蛀食玉米茎秆和雌穗，造成茎秆折断（图1）、烂穗。

图1 为害玉米茎秆

形态特征

1.幼虫 体肥大，老熟幼虫体长30mm左右，红褐色至暗褐色，胸腹背面桃红色，腹足发达，趾钩1行单序半环形，体节上着生疣状突起，其上着生短毛（图2）。

2.蛹 长13～18mm，粗壮，红褐色，腹部具灰白色粉状物，臀棘有3根钩棘（图3）。

3.成虫 雌蛾体长15mm，翅展约30mm，头胸部浅黄褐色，触角丝状，前翅近长方形，浅灰褐色，中间具小黑点4个，排成四角形。雄蛾体长约12mm，翅展27mm，触角栉齿状（图4）。

图2 幼虫

图3 蛹

图4 成虫

发生规律

大螟从北到南一年发生2～8代，以老熟幼虫在寄主残体或近地面的土壤中越冬，翌年3月中旬化蛹；4月上旬交尾产卵，喜在玉米苗上和地边产卵，多集中在玉米茎秆较细、叶鞘抱合不紧的植株靠近地面的第2节和第3节叶鞘的内侧，可占产卵量的80%以上；4月下旬为孵化高峰期，刚孵化出的幼虫，群集于叶鞘内侧，蛀食叶鞘和幼茎，幼虫3龄以后，分散蛀茎。成虫白天潜伏，傍晚开始活动，趋光性较弱，寿命5天左右。早春10℃以上的温度来得早，则大螟发生早；靠近村庄的低洼地及麦套玉米地发生重；春玉米发生偏轻，夏玉米发生较重。

绿色防控技术

1. **农业措施** 控制越冬虫源。在冬季或早春成虫羽化前，处理存留的虫蛀茎秆，杀灭越冬虫蛹；在玉米苗期，人工摘除田间幼苗上的卵块，拔除枯心苗（带有低龄幼虫）并销毁，降低虫口，防止幼虫转株为害；有茭白的地区冬季或早春齐泥割除茭白残株，铲除田边杂草，消灭越冬螟虫。

2. **生物防治** 在大螟卵孵化始盛期初见枯心苗时，每亩选用0.3%苦参碱水剂75～100g喷雾，重点喷到植株茎基部叶鞘部位。

3. **科学用药** 药剂防治参见"玉米螟"。

十一、 玉米蚜虫

分布与为害

　　玉米蚜虫又称腻虫、蚁虫，全国各地均有分布，为害玉米、高粱、小麦等多种禾本科作物和杂草。该虫以成蚜、若蚜群聚在玉米幼叶、叶鞘、茎秆、雄穗和雌穗上刺吸植物组织汁液，导致叶片变黄或发红，影响植株生长发育，同时分泌蜜露，产生黑色霉状物，影响玉米光合作用和授粉，并传播病毒病造成减产（图1～图7）。

图1　为害叶片

图2　为害叶鞘

图3　为害茎秆

图4　为害雄穗

图5　为害雌穗

图6　产生黑色霉状物

图7　为害雄穗影响授粉

形态特征

1.**无翅胎生**　雌蚜虫体长1.8～2.2mm，淡绿色，体被薄白粉，复眼红褐色；触角6节，其长度为体长的1/3，第3、4、5节无次生感觉圈；足深灰色，腹管均为黑色。

2.**有翅胎生**　雌蚜虫体长1.6～1.8mm，翅展5～6mm，头、胸黑色发亮；腹部绿色或黑绿色，第3、4、5节两侧各有1个黑色小点；触角6节黑色；复眼灰褐色；翅透明，中脉3叉；足黑色，腿节和胫节末端色较淡，腹管圆筒形，上有瓦块纹，尾片乳突状，上有刚毛2对，与腹管均为黑色。

发生规律

玉米蚜虫一年发生 10 ~ 20 代，以成蚜、若蚜在禾本科植物的心叶内越冬。翌年 3 ~ 4 月开始活动为害小麦，4 月底至 5 月上旬，小麦进入灌浆期，产生大量有翅蚜迁往春玉米、高粱、水稻田繁殖为害。该虫终生营孤雌生殖，到玉米大喇叭口末期蚜量迅速增加，扬花期蚜量猛增，在玉米上部叶片和雄花上群集为害，条件适宜为害持续到 9 月中下旬玉米成熟前。一般 8 ~ 9 月玉米生长中后期，日均气温低于 28℃，适合其繁殖，其间如遇干旱、旬降水量低于 20mm，易猖獗为害。

绿色防控技术

1. 农业措施　清除田间地边杂草，消灭蚜虫滋生地；采用麦垄套种玉米（图 8）栽培法比麦后播种的玉米生育期提早 10 ~ 15 天，能避开蚜虫繁殖盛期，可减轻为害。棉花与玉米面积比为 3：1 的间作模式，对棉蚜与玉米蚜均有明显控制作用。

2. 理化诱控　推广应用黄色粘板诱杀技术。在玉米蚜虫发生初期，利用蚜虫对黄色的趋性，每亩均匀插挂 15 ~ 30 块黄色粘虫板，高度高出玉米顶部 20 ~ 30cm。当黄板上蚜虫覆盖超过 60% 以上时，需更换新的黄板，以确保诱杀效果（图 9），整个生长季节可更换粘虫板 2 ~ 3 次。

图 8　麦垄套种玉米　　　　图 9　黄色粘板诱杀蚜虫

3. 生物防治

（1）释放天敌。玉米田蚜虫天敌种类十分丰富，共有6个目、15个科、25种天敌昆虫，以瓢虫、食蚜蝇、草蛉和寄生蜂、小花蝽为优势种群，还有大量捕食性蜘蛛。瓢虫主要以龟纹瓢虫和异色瓢虫为主。

瓢虫的释放方法（图10）：当百株蚜量在1 000头以上时，瓢虫释放量和蚜虫存量的比例是1：100；当百株蚜量500～1 000头时，瓢虫释放量和蚜虫存量的比为1：150；当百株蚜量500头以下时，瓢虫释放量和蚜虫存量的比为1：200。释放时间以傍晚为宜，此时气温较低，光线较暗，瓢虫行

图10　释放天敌瓢虫成虫

为比较稳定，不易迁飞。瓢虫释放以成虫、幼虫混合群体为宜，高温干旱对瓢虫卵的孵化有影响。天敌释放后应注意经常检查，瓢蚜比小于1：150时，2天后再调查1次，若蚜量上升，则应补充瓢虫数量。

在生产上除释放瓢虫外，还可以释放食蚜蝇、蚜茧蜂等蚜虫天敌，也能取得较好的防治效果。

（2）生物农药防治。每亩用150亿孢子/g球孢白僵菌可湿性粉剂15～20g，或每亩用块状耳霉菌200万孢子/mL悬浮剂150～200mL，兑水喷雾防治。

4. 科学用药

（1）药剂拌种。用70%吡虫啉可分散粒剂50～70g，或70%噻虫嗪悬浮种衣剂50～100g，拌种10kg，防治苗期蚜虫。

（2）药剂防治。在玉米拔节期，当发现中心蚜株，可喷施50%抗蚜威可湿性粉剂1 500倍液；当有蚜株率达30%～40%，出现"起油珠"（指蜜露）时，可选用10%吡虫啉可湿性粉剂或菊酯类等药剂全田普治；还可每亩用40%乐果乳油50mL，兑水500mL稀释后，拌15kg细沙土，拌匀制成毒土，均匀地撒在植株心叶上，每株1g，可兼治蓟

马、玉米螟、黏虫等。在抽雄初期若发现蚜虫较多时，防治选用10%吡虫啉可湿性粉剂1 000倍液，或10%高效氯氰菊酯乳油2 000倍液，或2.5%三氟氯氰菊酯2 500倍液，或50%抗蚜威可湿性粉剂2 000倍液，或25%噻虫嗪水分散剂6 000倍液等喷雾。由于玉米生长后期蚜虫主要为害雄穗，可采用风送式高效远程喷雾机（图11）、高杆喷雾机（图12）或植保无人机进行飞防（图13、14），选择专用的飞防药剂并添加专用的飞防助剂，保障防效。

图11　风送式高效远程喷雾机

图12　自走式高杆喷雾机

图13　多旋翼无人机飞防

图14　单旋翼无人机飞防

十二、 玉米蓟马

分布与为害

　　玉米蓟马在我国各玉米种植区都有发生，种类有黄呆蓟马、禾蓟马和稻管蓟马三种，以黄呆蓟马为主，为害玉米及小麦、高粱、水稻、谷子等多种禾本科作物和杂草。玉米苗期是该虫为害最为敏感的时期，喜在玉米心叶内活动为害，主要为害叶片背面，受害叶片呈现大量白色小点和断续的银白色条斑，受害严重的叶片常如涂了一层银粉（图1）；在心叶内为害时该虫会分泌黏液，致使心叶粘连扭曲，不能展开呈鞭状（图2、图3），部分叶片畸形破裂（图4），严重影响玉米的正常生长。

图1　为害叶片状：如银粉涂层

图2　为害心叶：粘连扭曲呈鞭状

图3 为害心叶：粘连扭曲畸形不展开　　　图4 为害叶片：畸形破裂

形态特征

　　玉米黄呆蓟马成虫体长1.0～1.2mm，黄色略暗，胸、腹背（端部数节除外）有暗黑色区域（图5）。

发生规律

　　玉米黄呆蓟马成虫在禾本科杂草根基部和枯叶内越冬，一般于翌年5月中下旬从禾本科植物迁向玉米，在玉米上繁殖2代。第1代若虫于翌年5月下旬至6月初发生在春玉米

图5 玉米黄呆蓟马成虫

或麦类作物上，6月中旬进入成虫盛发期，也是为害高峰期；6月下旬是第2代若虫盛发期，7月上旬成虫为害夏玉米。以成虫和1、2龄若虫为害，3、4龄若虫停止取食，掉落在松土内或隐藏于植株基部叶鞘、枯叶内。干旱对其大发生有利，降水对其发生和为害有直接的抑制作用。

绿色防控技术

1.农业措施

　　（1）加强栽培管理。合理密植，适时浇灌施肥（图6、图7），以促进玉米苗早发快长，能够有效减轻玉米蓟马为害，同时还可改变玉米田间小气候，使其湿度加大，不利于蓟马的生长，特别是干旱缺肥

地更应注意。

（2）及时清除田间地头杂草（图8）和枯枝残叶，集中深埋，消灭越冬成虫和若虫，减少虫源。

（3）田间间苗、定苗时（图9），拔除有虫苗，并带出田外销毁，可减少蓟马蔓延为害。

（4）对已形成鞭状的玉米苗，可将鞭状叶基部豁开，促进心叶展开，恢复正常生长。

图6　玉米苗期浇水

图7　玉米追肥

图8　机械化学除草

图9　间苗、定苗

2. 理化诱控　采用黄色或蓝色粘板诱杀。在蓟马发生盛期，在田内悬挂黄色、绿色或蓝色粘板，每亩放置25cm×40cm粘板20～40块，悬挂高度以高于植株顶梢30cm左右为宜。也可用黄色等油漆涂抹的自制粘板，表面刷一层机油、黄油或其他环保专用胶，形状及大小不拘，一般边长 10 ~ 50cm。间隔 5 ~ 7 天检查粘板 1 次，如发现粘板黏度下降或粘满虫子，要及时清理死虫、更换或重新刷粘胶。

3. 生物防治　玉米蓟马的自然天敌很多，保护和充分利用田间小花蝽（图 10）、龟纹瓢虫（图 11）、蜘蛛、赤眼蜂、草蛉等自然天敌，对玉米蓟马进行种群控制。地面喷雾或喷粉防治时要使用高效低毒农药，严禁使用中等毒以上的农药，最好使用种衣剂拌种等隐蔽性施药方法，可明显减轻对天敌的伤害。

图 10　小花蝽成虫

图 11　龟纹瓢虫

4. 科学用药

（1）种子处理。用 20% 福·克悬浮种衣剂按 1 ∶ 40 药种比，或 10kg 种子用 40% 溴酰·噻虫嗪种子处理悬浮剂 30 ~ 45g，进行种子包衣。

（2）药剂防治。发现蓟马为害时，可使用 10% 吡虫啉可湿性粉剂 2 000 倍液，或 25% 噻虫嗪水分散粒剂 2 000 倍液喷雾防治。同时根据蓟马昼伏夜出的习性，尽量在早晨或傍晚防治。

十三、　玉米叶螨

分布与为害

玉米叶螨又称玉米红蜘蛛，在我国分布广泛，对玉米为害主要发生在华北、西北等地区，主要有截形叶螨、二斑叶螨和朱砂叶螨三种，截形叶螨为优势种。寄主植物有玉米、高粱、向日葵、豆类、棉花、蔬菜等多种作物。该虫以若螨和成螨群聚叶背吸取汁液（图1），使叶片着灰白色或枯黄色细斑（图2），严重时叶片干枯脱落，影响生长（图3）。

图1　聚集叶背为害

图2　为害叶片，呈灰白色或枯黄色细斑状

图3　大田为害致叶片干枯状

形态特征

1. **截形叶螨** 成螨体深红色或锈红色，雌体长 0.5mm，体宽 0.3mm，雄体长 0.35mm，体宽 0.2mm。

2. **二斑叶螨** 成螨体浅黄色或黄绿色，雌体长 0.42 ~ 0.59mm，雄体长 0.26mm。

3. **朱砂叶螨** 成螨体锈红色至深红色，雌体长 0.48 ~ 0.55mm，宽 0.3 ~ 0.32mm，雄体长 0.35mm，宽 0.2mm（图 4）。

图 4 朱砂叶螨

发生规律

玉米叶螨一年发生10 ~ 20代，以雌螨在土缝中或枯枝落叶上越冬，翌春气温达10℃以上即开始大量繁殖，在小麦、蒿等作物和杂草上活动取食。一般于5月中下旬玉米出苗后迁入玉米田，先为害玉米下部叶片，后向上蔓延；高温低湿的7 ~ 8月为害达到高峰；9月上旬随气温下降和玉米植株衰老，种群数量急剧下降，开始陆续转移到越冬场所。干旱年份易于大发生，7 ~ 8月降水多、相对湿度超过70%时，不利其繁殖，暴雨对其有抑制作用。

绿色防控技术

1. **农业措施**

（1）选育和推广抗病虫害好或耐虫性较好的玉米品种，甜玉米、糯玉米和制种玉米等易遭为害。

（2）深翻土地，清洁田园。在秋收后深翻土地（图5），早春或秋后灌水，清除田间、田埂、沟渠旁的杂草，减少叶螨食料和繁殖场所，从而减少虫源。

（3）合理进行作物布局，改变耕作制度。合理轮作倒茬，提高玉米抗病能力，恶化叶螨的食物条件，要避免玉米与豆类、蔬菜作物间作套种，玉米田周围避免种植蔬菜、豆类、高粱、向日葵、瓜类等红蜘蛛传染源的作物，防止其相互交叉，蔓延为害。

（4）及时灌水和施肥。在高温干旱时期，应及时浇水（图6），加大田间湿度从而减缓红蜘蛛为害速度；施用有机肥、磷钾肥能促进玉米植株的健壮程度，提高对虫害的耐性和抗性。

图5　土地深耕

图6　浇水

2. **理化诱控**　玉米红蜘蛛对蓝板有趋性，利用该特点可以在春季红蜘蛛从四周向玉米田转移时，用蓝板在迁移途中进行诱杀，减小虫源基数。

3. **生态调控**　在玉米田地埂两旁，可适当种植晚熟油菜，以改变单一的玉米生态结构，有利于多种天敌栖息繁殖，提高对玉米红蜘蛛的控制能力。

4. **生物防治**

（1）保护利用天敌。玉米叶螨的天敌主要有食螨瓢虫类（以七星瓢虫和十三星瓢虫为主）、草蛉、捕食螨类（图7）、花蝽类。小麦及其他夏收作物是很多天敌的繁殖

图7　捕食螨捕食叶螨

场所，也是玉米田天敌的主要来源。应尽量避免在天敌的繁殖季节和活动盛期喷洒广谱性杀虫剂，有效地培育、保护和利用自然天敌。在夏季作物收获前，按 1 ： 150 的比例人工释放食螨瓢虫等天敌，能有效地减轻红蜘蛛的发生和为害。

（2）生物农药防治。为保护和利用红蜘蛛的自然天敌，在田间玉米红蜘蛛点片发生时，首先应考虑推广苦参碱、苦皮藤素、藜芦碱、苘蒿素等环保型生物类农药，或使用一些如绝育剂、引诱剂、拒食剂等特异性无公害农药。

5. 科学用药 田间点片发生时，及时喷药进行控制。可用 1.8% 阿维菌素乳油 2 000 倍液，或 15% 哒螨灵乳油 2 500 倍液，或 5% 噻螨酮乳油 2 000 倍液喷雾防治，重点喷洒植株中下部叶片。

十四、 玉米耕葵粉蚧

分布与为害

玉米耕葵粉蚧是 20 世纪 80 年代末发现的一种害虫，主要为害玉米、小麦、高粱等禾本科作物及杂草。若虫和雌成虫群集于玉米的幼苗根节或叶鞘基部外侧周围吸食汁液（图 1）。玉米受害后茎基部发黑，根尖变黑腐烂，受害植株细弱矮小，茎叶发黄（图 2），生长发育迟缓，严重的不能结实，甚至造成植株瘦弱枯死。

图 1　若虫群集为害玉米根茎部

图 2　为害状：叶片发黄

形态特征

1. 成虫　雌成虫体长 3.0 ~ 4.2mm，宽 1.4 ~ 2.1mm，长椭圆形，扁平，两侧缘近似平行，红褐色，全身覆一层白色蜡粉。雄成虫体长 1.42mm，宽 0.27mm，前翅白色透明，后翅退化为平衡棒，全身深黄褐色。

2. **卵** 长0.49mm，长椭圆形，初橘黄色，孵化前浅褐色，卵囊白色，棉絮状。

3. **若虫** 共有2龄，1龄若虫体长0.61mm，性活泼，不分泌蜡粉，进入2龄后开始分泌蜡粉（图3），在地下或进入植株下部的叶鞘中为害。

图3 若虫分泌的白色蜡粉

4. **蛹** 体长1.15mm，长形略扁，黄褐色，触角、足、翅明显，茧长形，白色柔密，两侧近平行。

发生规律

玉米耕葵粉蚧一年发生3代，以第2代发生时间最长、为害最严重，在6月中旬至8月上旬，主要为害夏玉米幼苗（第1代发生在4月中旬至6月中旬，主要为害小麦，第3代于8月上旬至9月上旬为害玉米或高粱，对其产量影响不大）。9～10月雌成虫开始做卵囊产卵，附在残留于田间的玉米根茬上或秸秆上越冬。翌年4月气温17℃左右时开始孵化，初孵若虫先在卵囊内活动1～2天，再向四周分散，寻找寄主后固定下来为害。1龄若虫活泼，无蜡粉保护层，是药剂防治的最佳时期，2龄后开始分泌蜡粉，在地下或进入植株下部的叶鞘中为害。雌若虫老熟后羽化为雌成虫，雌成虫把卵产在玉米茎基部土中或叶鞘里。

绿色防控技术

1. 农业措施

（1）种植抗虫品种。苗期发育较快、抗逆性较强。同时，要适期播种，不宜过早或过晚。

（2）合理轮作倒茬。玉米耕葵粉蚧发生严重的地块不宜采用小麦—

玉米两熟制种植结构，可将夏玉米改种棉花、豆类、甘薯、花生等双子叶作物，以破坏该虫的适生环境。

（3）及时深耕灭茬。小麦、玉米等作物收获后，及时深耕灭茬，清洁田园，并将根茬带出田外集中处理，消灭虫源。

（4）加强水肥管理。实施配方施肥，增施腐熟的有机肥、磷钾肥、生物肥料及微肥，促进玉米根系发育（图4）；及时中耕除草，健身栽培，提高作物抗虫能力；生长期遇旱及时浇水（图5），保持土壤墒情适宜，发生虫害盛期浇大水，改变该虫的适生环境。冬季浇封冻水，压低越冬卵存活量。

图4 追施肥料   图5 浇水

2. 科学用药 在防治上要"早用药、早防治"，防治适期在2龄若虫以前（6月下旬至7月中上旬），一般在玉米3～5叶期，可采用药剂灌根、撒毒土等方式防治。

（1）药剂灌根。可用50%辛硫磷乳油，或40%氧乐果乳油，或用48%毒死蜱乳油800～1000倍液，灌根，每株用药液量以100～150g为宜，重点喷施玉米下部叶鞘处和茎基部，并使药液渗到玉米根茎部。

（2）撒毒土。可用48%毒死蜱乳油7.5L/hm^2，或用30%毒·辛微囊悬浮剂7.5L/hm^2，拌细潮土300～450kg/hm^2，环撒在玉米苗茎基部周围，撒后浇水，进行防治。

十五、 甘薯跳盲蝽

分布与为害

甘薯跳盲蝽，又称小黑跳盲蝽、花生跳盲蝽，俗称甘薯蛋，分布在我国陕西、河南、江西、浙江、福建、广东、广西、台湾、四川、云南等省（区）。寄主为甘薯、玉米、萝卜、白菜、菜豆、花生、黄瓜、丝瓜、豇豆、大豆、茄子等。该虫以成虫、若虫吸食老叶汁液为害，被害处呈现灰绿色小点（图1）。

图1　为害叶片呈灰绿色小点

形态特征

成虫体长2.1mm，宽1.1mm，椭圆形，黑色，具褐色短毛（图2）。头黑色、光滑、闪光。眼突，与前胸相接，颊高，等于或稍大于眼宽。喙黄褐色，基部红色，末端黑色，伸达后足基节。触角细长，黄褐色，第1节膨大。前胸背板短宽，前缘和侧缘直，后缘后突成弧形。小盾片为等边三角形。

图2　成虫

前翅革片短宽，前缘成弧形弯曲；楔片小，长三角形；膜片烟色，长于腹部末端。足黄褐色至黑褐色，后足腿节特别粗，内弯，胫节黄褐色，近基褐色。腹部黑褐色，具褐色毛。

发生规律

甘薯跳盲蝽一年发生数代，以卵在寄主组织里越冬，卵多斜向产在叶脉两侧，部分外露，卵盖上常具粪便，世代重叠；翌年 5 月中旬孵化，先为害玉米、豇豆、茄子、小白菜等，5 月下旬开始为害甘薯。

该虫活泼善跳，趋光性弱，适宜在阴凉环境中生活，耐高温能力弱，8 月高温季节不取食。初孵若虫喜群居，在植株下部叶片上取食，随虫龄增长逐渐分散。成虫、若虫多在叶面取食，雨天避于叶背，受惊后迅速逃至叶背或弹跳 1m 之外。

绿色防控技术

1.农业措施

（1）合理布局，提倡连片种植，切断其桥梁寄主。

（2）玉米收获后，及时清除枯枝落叶和杂草，特别是禾本科、桑科、豆科、旋花科等的杂草，集中烧毁，消灭越冬卵。

（3）耕翻灌溉，灭茬杀虫。玉米收获后，立即进行土地深翻或秋冬灌水等农业技术措施，破坏害虫的自然越冬环境，杀灭害虫。

2.理化诱控

（1）利用频振式杀虫灯诱杀成虫，单灯可控面积 50 亩左右。

（2）食物源诱杀。90% 晶体敌百虫、红糖、黄酒、米醋、水按 1 : 9 : 10 : 10 : 20 的比例配制成糖醋液诱杀，每盆 1kg 左右，每亩放 8 ~ 10 盆诱杀成虫。

3.生物防治　甘薯跳盲蝽卵寄生蜂有蔗虱缨小蜂、盲蝽黑卵蜂等，可引入和保护利用。

4.科学用药　可用 50% 辛硫磷乳油 1 000 倍液，或 40% 乐果乳油 1 000 倍液，或 48% 毒死蜱乳油 1 500 倍液喷雾，隔 7 ~ 10 天喷 1 次，连防 2 次即可。

十六、稻赤斑黑沫蝉

分布与为害

稻赤斑黑沫蝉，别名赤斑沫蝉、稻沫蝉、红斑沫蝉，俗称雷火虫、吹泡虫，主要为害玉米、水稻，也为害高粱、粟、油菜等。

该虫以成虫刺吸玉米叶片汁液，形成黄白色或青黄色放射状梭形大斑（图1），并逐渐扩大，受害叶出现一片片枯白，甚至整个叶片干枯（图2）、植株枯死（图3），对产量影响很大。

图1 为害玉米叶片，呈黄白色放射状梭形大斑

图2 为害叶片致干枯状

图3 为害植株致枯死状

形态特征

1. 成虫 体长 11 ~ 13.5 mm，黑色狭长，有光泽。头冠稍凸，复眼黑褐色，单眼黄红色，颜面凸出，密被黑色细毛，中脊明显；触角基部 2 节粗短，黑色；小盾片三角形，顶具一处大的梭形凹陷；前翅黑色，近基部具大白斑 2 块，雄性近端部具肾状大红斑 1 块（图 4），雌性具 2 块一大一小的红斑（图 5）。

图 4　雄性成虫

2. 卵 长椭圆形，乳白色。

3. 若虫 共 5 龄，形状似成虫，初乳白色，后变浅黑色，体表四周具泡沫状液（图 6）。

图 5　雌性成虫

图 6　若虫休表具泡沫状液

发生规律

稻赤斑黑沫蝉一年发生 1 代，以卵在田埂杂草根际或裂缝的 3 ~ 10 cm 处越冬。翌年 5 月中旬至下旬孵化为若虫，在土中吸食草根汁液，2 龄后渐向上移；若虫常从肛门处排出体液，放出或排出空气吹成泡沫，遮住身体进行自我保护，羽化前爬至土表。6 月中旬羽化为成虫,羽化后3～4小时即可为害,7月为害严重,8月以后成虫数量减少,11月下旬终见。每头雌虫产卵164～228粒,卵期10～11个月,若虫期21～35天,成虫寿命11～41天。一般分散活动,早、晚取食,遇有高温强光则藏在杂草丛中,大发生时傍晚在田间成群飞翔。该虫的天敌主要有蚂蚁、蜘蛛、青蛙、螳螂等。

绿色防控技术

成虫十分活跃,弹跳力强,飞行速度快,极易惊飞逃逸,药剂很难接触虫体,只有采取综合防治的方法,才能收到较好的效果。

1.农业措施 及时清除田间及田埂杂草,破坏成虫的生存环境。

2.理化诱控 用麦秆或青草扎成30～50cm长的草把,洒上少许甜酒液或者糖醋混合液,于傍晚时均匀插在玉米田或稻田四周,每亩插20把左右,引诱成虫飞到草把上吸食,次日早上露水未干之前进行集中捕杀。

3.生物防治 稻赤斑黑沫蝉的天敌主要有蚂蚁、蜘蛛、青蛙、螳螂(图7)等,加强对天敌的保护,增加天敌数量,可以有效地控制稻赤斑黑沫蝉的虫口密度。

4.科学用药

(1)若虫防治。若虫生活在土壤中,通过土表裂缝吸食杂草根部汁液,此时可用3%克百威颗粒剂拌细土撒施在田埂上进行防治。

图7 螳螂

(2)成虫防治。防治时间以清晨、傍晚或阴天为好;施药范围应包括距玉米田田埂4～6m的四周杂草;施药时应做到同一片田同一时间、统一行动,同一田块采取从外到内的施药办法。在初见成虫时,可每亩用48%毒死蜱乳油75～100mL,或用45%马拉硫磷乳油1 000倍液进行喷雾,每隔7～10天喷1次,连续2～3次。

十七、　大青叶蝉

分布与为害

　　大青叶蝉在我国各地均有分布，为害玉米、棉花、谷子、大豆、水稻、马铃薯、蔬菜和果树等39科160多种农作物，属杂食性害虫。该虫为害多种植物的叶、茎，成虫和若虫在玉米上刺吸为害叶片，造成叶片褪色、畸形、卷缩，甚至全叶枯死。此外，该虫还可传播病毒病。

形态特征

　　雌成虫体长9.4 ~ 10.1mm，雄成虫体长7.2 ~ 8.3mm。头部三角形，正面淡褐色，两颊微青，头顶有黑斑1对，复眼绿色。前胸背板淡黄绿色，后半部深青绿色。小盾片淡黄绿色，中间横刻痕较短，不伸达边缘。前翅绿色，端部色淡近透明（图1）。

图1　成虫为害叶片

发生规律

　　大青叶蝉在我国北部一年发生3代，散乱在树木枝条表皮下越冬，翌年4月孵化。第1代成虫出现于5 ~ 6月，第2代成虫出现于7 ~ 8月，此时成虫和若虫为害高粱、玉米、豆类、甘薯、花生、麦类等多种农作物。9 ~ 10月出现第3代成虫。大田作物秋收后，大部分集中在白菜、萝卜等秋季蔬菜和小麦上，10月中旬陆续转移到果树林木上为害，产卵于枝条上并以卵越冬。

绿色防控技术

1. **农业措施**

（1）行间种植少量大青叶蝉喜食的矮秆作物（最好种胡萝卜），以诱集害虫，并用药剂喷杀。

（2）避免果粮间作、果菜间作，以防招引大青叶蝉成虫产卵为害。

（3）及时中耕、铲除田间地头杂草，特别是禾本科杂草，减少叶蝉的寄主。

2. **理化诱控**　利用成虫的趋光性，在成虫发生期，采用灯光诱杀。

3. **生物防治**　大青叶蝉发生时，可用生物农药 1.2% 苦·烟乳油 800 ~ 1 000 倍液，喷雾防治。

4. **科学用药**　大青叶蝉发生较重时，可以喷施 10% 吡虫啉可湿性粉剂 2 000 倍液，或 20% 啶虫脒乳油 3 000 倍液，或 2.5% 高效氯氟氰菊酯乳油 3 000 倍液进行防治，每隔 10 天左右喷 1 次药，注意对果树、间作物、诱集作物、杂草同时喷药。

十八、　玉米双斑萤叶甲

分布与为害

　　玉米双斑萤叶甲分布广泛，为害玉米、大豆、棉花、谷子、马铃薯、蔬菜等多种作物，为杂食性害虫。成虫取食玉米叶片，造成叶片、叶肉缺损，残留白色表皮(图1)，形成连片白斑(图2)，一般不形成孔洞；取食雌穗花丝(图3)和花粉，影响授粉；也取食幼嫩的穗尖或籽粒，造成籽粒缺损。

图1　为害叶片，残留白色表皮

图2　为害叶片，形成连片白斑

图3　取食雌穗花丝状

形态特征

成虫体长3.5～4.8mm，宽2～2.5mm，长卵形，棕黄色，具光泽，头胸部红褐色，鞘翅上半部为黑色，每个鞘翅基部具一近圆形淡色斑点。鞘翅下半部为黄色，两翅后端合为圆形（图4）。

图4　成虫

发生规律

玉米双斑萤叶甲一年发生1代，以卵在土中越冬，翌年5月开始孵化。幼虫共3龄，幼虫期30天左右，在土下3～8cm活动或取食作物根部及杂草。老熟幼虫在土中做土室化蛹，蛹期7～10天，7月初始见成虫，成虫期3个多月。初羽化的成虫喜在地边、沟旁、路边的苍耳、刺菜、红蓼上活动，约经15天转移到豆类、玉米、高粱、谷子、杏树、苹果树上为害。7～8月进入为害盛期，大田收获后，转移到十字花科蔬菜上为害。成虫羽化后经20天开始交尾产卵，卵散产或数粒黏在一起，产在田间或菜园附近草丛中的表土下或杏、苹果等果树的叶片上。成虫有群集性、弱趋光性，飞翔力弱，在一株作物上自上而下地取食，日光强烈时常隐蔽在下部叶背或花穗中。气温高于15℃成虫活跃，干旱年份发生重。

绿色防控技术

1.农业措施

（1）秋耕冬灌。秋收后及时翻耕土壤晒土、冬灌，可灭卵、降低大量越冬虫卵基数。

（2）清洁田园。越冬期清除枯枝落叶和田间地边的杂草，特别是稗草，集中烧毁，深松土壤，杀灭越冬虫卵。

（3）加强栽培管理。合理施肥、密植，提高植株的抗逆性。对双斑萤叶甲为害重及防治后的农田应及时补水、补肥，促进植物生长。

（4）人工捕杀。该虫有一定的迁飞性，对点片发生的地块可于早晚用捕虫网人工捕杀，降低虫口基数。

2. 生态调控 在农田地边种植生态带（小麦、苜蓿）以草养害，以害养益，引益入田，以益控害。

3. 生物防治 双斑萤叶甲的天敌主要有瓢虫、蜘蛛等，合理使用农药，保护利用天敌。

4. 科学用药 成虫发生严重时，亩用 10% 吡虫啉 20g，兑水 50 ~ 60kg，或 50% 辛硫磷乳油 1 500 倍液，或 2.5% 高效氟氯氰菊酯乳油 1 500 倍液，喷雾。喷药时间最好在上午 10 时前和下午 5 时后，重点喷洒受害叶片或雌穗周围。一般喷洒 1 ~ 2 次即可控制虫害。傍晚玉米叶片渐渐返潮，双斑萤叶甲隐藏在玉米叶片中不易飞行，此时便于施药。

十九、　玉米旋心虫

分布与为害

　　玉米旋心虫分布于我国吉林、辽宁、山西等地，主要为害玉米、高粱、谷子等。该虫为害玉米时以幼虫在玉米苗茎基部蛀入，常造成花叶、枯心，叶片卷缩畸形，重者分蘖较多，植株畸形，不能正常生长（图1～图3）。

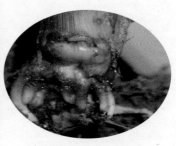

图1　为害苗茎基部

图2　为害造成花叶　　　　　　图3　为害造成分蘖

形态特征

1. 幼虫 老熟幼虫体长 8 ~ 11mm。黄色，头部褐色，体共 11 节，各节体背排列着黑褐色斑点，前胸盾板黄褐色。中胸至腹部末端每节均有红褐色毛片，中、后胸两侧各有 4 个，腹部 1 ~ 8 节两侧各有 5 个。臀节臀板呈半椭圆形，背面中部凹下，腹面也有毛片突起（图 4）。

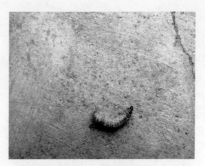

图 4　老熟幼虫

2. 卵 椭圆形，长约0.6mm，卵壳光滑，初产黄色，孵化前变为褐色。

3. 蛹 呈黄色，裸蛹，长 6mm。

4. 成虫 体长 5 ~ 6mm，全体密被黄褐色细毛，头部黑褐色、鞘翅绿色。前胸黄色，宽大于长，中间和两侧有凹陷，无侧缘。胸节和鞘翅上布满小刻点，鞘翅翠绿色，具光泽。足黄色。雌虫腹末呈半卵圆形，略超过鞘翅末端，雄虫则不超过翅鞘末端。

发生规律

玉米旋心虫在北方一年发生1代，以卵在土壤中越冬。5月下旬至6月上旬越冬卵陆续孵化，幼虫蛀食玉米苗，在玉米幼苗期可转移多株为害，苗长至30cm左右后，很少再转株为害。幼虫为害盛期在7月中上旬，7月下旬为化蛹、羽化盛期，8月中上旬陆续在土中产卵越冬。成虫白天活动，有假死性。卵多产在疏松的玉米田土表中或植物须根上，每只雌虫可产卵20粒左右。幼虫夜间活动，老熟幼虫在土下2 ~ 3cm筑室化蛹，蛹期5 ~ 8天。一般降水充沛年份发生重，晚播及连作田块发生重。

绿色防控技术

1. 农业措施

（1）选用抗虫品种，实行轮作倒茬，避免连茬种植，减少害虫越冬场所。

（2）搞好秋翻（图5），能利用鸟类等天敌吃掉一部分虫体，并冻死一部分害虫。

（3）清洁田园，结合整地，把玉米根茬捡出田外集中处理，降低虫源基数。

图5　秋季犁地

2. 科学用药

（1）使用内吸性杀虫剂克百威等种衣剂进行种子处理。

（2）每亩用25%甲萘威可湿性粉剂，或用2.5%的敌百虫粉剂1～1.5 kg，拌细土20 kg，搅拌均匀后，在幼虫为害初期（玉米幼苗期）顺垄撒在玉米根周围，杀伤转移为害的害虫。

（3）用90%晶体敌百虫1 000倍液，或用80%敌敌畏乳油1 500倍液喷雾，每亩喷药液50～60 kg。

二十、 东亚飞蝗

分布与为害

　　东亚飞蝗又名蚂蚱，属直翅目蝗科，在我国主要分布在北纬42°以南的冲积平原地带，以河北、山东、河南、天津、山西、陕西等省（市）发生较重。东亚飞蝗主要为害玉米、高粱、谷子、芦苇等禾本科作物，以成虫、若虫咬食植物叶和茎（图1），可将植物吃成光秆（图2），可造成毁灭性的农业生物灾害。

图1　为害叶片　　　　　　　　　　图2　造成光秆

形态特征

　　1. 成虫　雄成虫体长33～48 mm，雌成虫体长39～52mm（图3）。该虫成虫有群居型、散居型和中间型三种类型。群居型体色为黑褐色，散居型体色为绿色或黄褐色，中间型体色为灰色。成虫头部较大，颜面垂直。触角丝状，淡黄色。前胸背板马鞍形，中隆线明显，两侧常有暗色纵条纹，群居型条纹明显，散居型和中间型条纹不明显或消失；从侧面看，散居型中隆线上缘呈弧形，群居型较平直或微凹。

图3 成虫

2. 卵 卵块（图4）黄褐色或淡褐色，呈长筒形，长45～67mm，卵粒排列整齐，微斜成4行长筒形，每块有卵40～80粒，个别多达200粒。

3. 蝗蝻 蝗虫的若虫称蝗蝻（图5），有5个龄期。1龄若虫体长5～10mm，触角13～14节；2龄若虫体长8～14mm，触角18～19节；3龄若虫体长10～20mm，触角20～21节；4龄若虫体长16～25mm，触角22～23节；5龄若虫体长26～40mm，触角24～25节。

图4 卵块

图5 蝗蝻

发生规律

东亚飞蝗在我国从北至南一年可以发生1～5代。以卵在土中越冬。黄淮海流域第1代夏蝗4月中下旬孵化，6月中下旬至7月上旬羽化为成虫。第2代7月中下旬至8月上旬孵化，8月下旬至9月上旬羽化为成虫。有迁飞习性。喜食玉米等禾本科作物及杂草，饥饿时也取食大豆等阔叶作物。

东亚飞蝗的适生环境为地势低洼、易涝易旱或水位不定的河库、湖滩地或沿海盐碱荒地，泛区、内涝区也易成为飞蝗的繁殖基地。大面积荒滩或耕作粗放的夹荒地最适宜蝗虫产卵。一般年份这些荒地随着水面缩小而增大，宜蝗面积增加。先涝后旱是导致蝗虫大发生的最重要条件。聚集、扩散与迁飞是飞蝗适应环境的一种行为特点。

绿色防控技术

1. 农业措施 兴修水利，稳定湖河水位，大面积垦荒种植（图6），精耕细作，减少蝗虫滋生地。植树造林（图7），改善蝗区小气候，消灭飞蝗产卵繁殖场所。因地制宜种植紫穗槐、冬枣、牧草、马铃薯、麻类等飞蝗不食的作物，断绝其食物来源。

图6 蝗区垦荒种植　　　　　　　　　图7 滩区造林

2. 生物防治 目前国内常用的生物治蝗方法主要是利用蝗虫微孢子虫和绿僵菌制剂进行防治。

（1）保护利用天敌。

1）充分保护蜜源植物，创造利于天敌繁殖的适生坏境，保护利用双色补血草、阿尔泰紫菀等中华雏蜂虻蜜源植物，规划建立蜜源植物诱集带，以 600m×（2~3）m 为宜。注意保护原生态的蜜源植物，增加天敌数量。

2）在蝗蝻3龄前，当蜘蛛、蚂蚁等天敌达到益害比大于1∶5时，可不进行化学防治；小于这一指标时，应选择性施药，保护利用天敌。

3）东亚飞蝗夏季发生期，控制中华雏蜂虻幼虫与飞蝗卵块比为

1：2，或中华雏蜂虻幼虫寄食蝗卵达50％左右。东亚飞蝗秋季成虫期，中华雏蜂虻雌成虫与蝗虫雌成虫比达1：20，或中华雏蜂虻成虫数量达150～225头/hm²时，可充分发挥天敌的自然控制作用。

4）宜蝗区牧鸡牧鸭，在东亚飞蝗发生区散养鸡、鸭，利用鸡、鸭捕食飞蝗（图8、图9）。

图8 蝗区养鸭

图9 蝗区养鸡

5）在蝗虫天敌保护利用区，要尽可能不用或少用化学农药，必须使用时，应避开天敌昆虫盛发期；同时，尽可能选用高效低毒的农药品种，最大限度减轻对天敌的杀伤，以充分发挥其自然控制作用。

（2）生物农药。在蝗蝻2～3龄期，用蝗虫微孢子虫每亩（2～3）×10^9个孢子，飞机作业喷施。也可用20%杀蝗绿僵菌油剂每亩25～30mL，加入500mL专用稀释液后，用机动弥雾机喷施，若用飞机超低量喷雾，每亩用量一般为40～60mL。也可用苦参碱、印楝素等生物制剂防治。

3. 科学用药 在蝗虫大发生年或局部蝗区蝗情严重时，必须使用化学农药。施药的时期要掌握在3龄前。人工喷雾（图10）可选用50%马拉硫磷乳油1 000倍液，飞机喷雾选用菊酯类农药，对东亚飞蝗均有很好的防治效果。采用包括弥雾机（图11）、自走式植保机械、无人机（图12）、飞机（图13）在内的所有先进施药器械，在蝗蝻3龄前及时进行应急防治。有机磷农药、菊酯类农药对东亚飞蝗均有很好的防治效果。

图10　人工喷雾

图11　弥雾机治蝗

图12　无人机治蝗

图13　飞机治蝗

二十一、 土 蝗

分布与为害

　　土蝗是非远距离迁飞的蝗虫种类的统称，种类繁多，分布广泛，多生活在山区坡地以及平原低洼地区的高岗、田埂、地头等处。土蝗食性复杂，为害玉米等粮食作物以及棉花、蔬菜等（图1）。主要优势种有黄胫小车蝗、短额负蝗（图2、3）、中华稻蝗（图4）、短星翅蝗等。

图1　土蝗为害玉米植株

图2　短额负蝗

图3　短额负蝗蝗蝻

图4　中华稻蝗为害玉米

形态特征

1. **黄胫小车蝗** 雄虫成虫体长 21 ~ 27mm，雌虫成虫体长 30.5 ~ 39 mm。虫体黄褐色，有深褐色斑。头顶短宽，顶端圆形。前胸背板平，中央隆起如脊状，并有淡色"X"形纹。前翅端部较透明，散布黑色斑纹，基部斑纹大而宽；后翅中部的暗色带纹常到达后缘，雄性后翅顶端色略暗。后足股节底侧红色或黄色；后足胫节基部黄色，部分常混杂红色，无明显分界（图5）。

图 5 黄胫小车蝗成虫

2. **短额负蝗** 成虫体中小型。雄虫体长 19 ~ 23mm，雌虫体长 28 ~ 36mm。头顶较短，其长度等于或略长于复眼纵径。体绿色或土黄色。头部圆锥形，呈水平状向前突出。前翅较长，后翅略短于前翅，基部粉红色。

3. **短星翅蝗** 成虫体中型，雌雄个体差异较大（图6）。雌虫体长 25 ~ 32.5mm，雄虫体长 19 ~ 22mm。头略大，较短于前胸背板。前胸背板略平，有明显的侧隆线，中隆线较低，在中部有 3 道明显横沟；前胸腹板在两前足之间具乳状突起。前翅短，翅长常达后足股节顶端，并有黑色小斑点。后足股节呈红色，粗壮，上缘有 3 块黑斑，上缘有小齿，外方羽状构造颇明显，内侧呈玫瑰色或红色，有两块不完整的黑斑，两行胫节刺，雄虫各 8 枚，雌虫各 9 枚。雄虫的尾须粗大，扁平，顶端分成两个齿，上面的齿大，下面又分成两个小齿。

4. **其他土蝗** 对农作物为害比较严重的土蝗还有笨蝗（图7）、花胫绿纹蝗（图8）、大垫尖翅蝗（图9）、宽翅曲背蝗（图10）、轮纹异痂蝗（图11）、日本黄脊蝗（图12）、疣蝗（图13）、中华蚱蜢（图14）等。

图 6　短星翅蝗成虫

图 7　笨蝗

图 8　花胫绿纹蝗成虫

图 9　大垫尖翅蝗成虫

图 10　宽翅曲背蝗

图 11　轮纹异痂蝗

图12 日本黄脊蝗

图13 疣蝗

图14 中华蚱蜢

发生规律

黄胫小车蝗在河北北部、西部山区及晋中、晋北地区一年发生1代，河北南部、陕西关中地区、汉水流域、山西南部的黄河沿岸低海拔地区及山东、河南等地一年发生2代，各地均以卵越冬。1代区8月中旬为羽化高峰。2代区6月下旬至7月中上旬羽化出第1代成虫；第2代蝗蝻于7月下旬至8月上旬开始孵化，8月中旬进入孵化盛期，9月中下旬羽化出第2代成虫，第1、2代成虫均于10月下旬至11月上旬死亡。喜食谷子、小麦等禾本科作物。蝗蝻和成虫均具有群集习性和一定的迁移能力。

短额负蝗在河北省一年发生2代，以卵过冬。越冬卵5月中下旬孵化，6月下旬开始羽化。第2代蝗蝻于9月上旬羽化，10月下旬至

11月上旬成虫陆续死亡。在长江流域地区一年发生2代。以卵在土中越冬。越冬卵于5月孵化，11月雌成虫产越冬卵。成虫喜在干燥向阳的道边、渠埂、堤岸及杂草较多的地方产卵。

短星翅蝗在北方一年发生1代，以卵在土中越冬。越冬卵于5月中旬开始孵化，5月下旬至6月上旬为孵化盛期，6月下旬至7月上旬陆续羽化为成虫。北方地区成虫10月上旬陆续死亡，南部地区可延至10月。蝗蝻和成虫跳跃力较强，不善飞翔，不远迁，喜欢在地面活动，发生比较集中。

绿色防控技术

1. 农业措施 依据土蝗喜产卵于田埂、渠坡、埝埂等环境的习性，深耕细耙，结合修整田埂、清淤等农事活动，用铁锹铲出田埂，深度2～3cm，或清淤时将土翻压于渠埝之上，将卵块铲断，效果明显。

2. 生态调控 利用土蝗不适宜在林区、植被生长茂盛和高大草地滋生的习性，对土蝗滋生繁衍的荒山、荒坡、荒滩、荒沟进行改造，压缩"四荒"面积，大力推行"宜林则林、宜草种草"的生态改造，在"四荒"植树种草，发展果树等经济林，紫穗槐、柠条等灌木林，种植高大密植的紫花苜蓿等优质牧草。

3. 生物防治

（1）保护利用天敌。利用鸟类、蛙类、螳螂（图15）、螨类、病原微生物等天敌控制虫口密度。

（2）生物农药防治。可选用蝗虫微孢子虫制剂，每亩浓度为2×10^9个孢子，或用绿僵菌、苦皮藤素、狼毒素等生物制剂防治。

4. 科学用药 虫害发生严重时，应及时喷施农药进行防治，如45%马拉硫磷乳油1 500倍液，或40%溴氰菊酯乳油1 000倍液，或20%氰戊菊酯乳油500～800倍液，或5%氟虫脲水剂1 000倍液，喷雾。

图15 螳螂

二十二、 蟋蟀

分布与为害

蟋蟀又名促织，俗名蛐蛐，属直翅目蟋蟀科，发生较普遍的有油葫芦、大蟋蟀等数种。大蟋蟀是华南地区的主要地下害虫，而华北、华东和西南地区以油葫芦为主。蟋蟀是一种杂食性害虫，以成虫、若虫为害农作物的叶、茎、枝、果实、种子，有时也为害作物根部（如花生的嫩根），带有香甜滋味的植物受害重（图1、图2）。发生猖獗的地方可成灾害。

图1 为害玉米叶片

图2 为害玉米雌穗

形态特征

1. 成虫 雄性体长 18.9 ~ 22.4mm，雌性体长 20.6 ~ 24.3mm。身体背面黑褐色。有光泽，腹面为黄褐色。头顶黑色，复眼内缘、头部及两颊黄褐色。前胸背板有两个月牙纹，中胸腹板后缘内凹。前翅淡褐色、有光泽，后翅尖端纵折露出腹端很长，形如尾须。后足褐色、强大，胫节具刺6对，具距6枚（图3）。

2.卵 长筒形，两端微尖，乳白色微黄。

3.若虫 共6龄，体背面深褐色，前胸背板月牙纹甚明显。雌、雄虫均具翅芽（图4）。

图3 成虫

图4 若虫

发生规律

蟋蟀一年发生1代，以卵在土中越冬。若虫共6龄，4月下旬至6月上旬若虫孵化出土，7～8月为大龄若虫发生盛期。8月初成虫开始出现，9月为发生盛期，10月中旬成虫开始死亡，个别成虫可存活到11月中上旬。成虫、若虫夜晚活动，平时好居暗处，夜间也扑向灯光。气候条件是影响蟋蟀发生的重要因素，通常4～5月雨水多，泥土湿度大，有利于若虫的孵化出土。5～8月降大雨或暴雨，不利于若虫的生存。

绿色防控技术

1.农业措施 蟋蟀通常将卵产于1～2cm的土层中，冬春季耕翻地，将卵深埋于10cm以下的土层，可降低卵的有效孵化率。

2. 理化诱控

（1）灯光诱杀。用杀虫灯或黑光灯诱杀成虫（图5）。

（2）堆草诱杀。蟋蟀若虫和成虫白天有明显的隐蔽习性，在田间或地头设置一定数量5～15 cm厚的草堆，诱集若虫、成虫，集中捕杀。

3. 科学用药 可选用80%敌敌畏1 500～2 000倍液，或50%

图5 频振式杀虫灯

辛硫磷1 500～2 000倍液喷雾；或采取麦麸毒饵，用50g上述药液加少量水稀释后拌5kg麦麸，每亩地撒施1～2kg；或采取鲜草毒饵，用50g药液加少量水稀释后拌20～25kg鲜草撒施田间。因为蟋蟀活动性强，连片统一防治才能收到较好的效果。

二十三、 蜗 牛

分布与为害

蜗牛又名蜒蚰螺、水牛，为软体动物，主要有同型巴蜗牛和灰巴蜗牛两种，均为多食性，可为害十字花科、豆科、茄科蔬菜以及棉花、麻类、甘薯、谷类、桑树、果树、玉米（图1、图2）等多种作物。幼贝食量很小，初孵幼贝仅食叶肉，留下表皮（图3），稍大后以齿舌刮食叶、茎，形成孔洞或缺刻，甚至咬断幼苗，造成缺苗断垄。

图1　蜗牛为害玉米茎秆

图2　蜗牛为害玉米雌穗

图3　初孵幼贝为害玉米叶片，仅剩表皮呈白条状

形态特征

灰巴蜗牛和同型巴蜗牛成螺的贝壳大小中等，壳质坚硬。

1. **灰巴蜗牛** 壳较厚，呈球形，壳高 18 ~ 21mm，宽 20 ~ 23mm，有 5.5 ~ 6 个螺层，顶部几个螺层增长缓慢，略膨胀，体螺层急剧增长膨大；壳面黄褐色或琥珀色，常分布暗色不规则形斑点，并具有细致而稠密的生长线和螺纹。卵为球形，白色（图 4）。

图 4　灰巴蜗牛

2. **同型巴蜗牛** 壳质厚，呈扁球形，壳高 11.5 ~ 12.5mm，宽 15 ~ 17mm，有 5 ~ 6 层螺层，顶部几个螺层增长缓慢，略膨胀，螺旋部低矮，体螺层增长迅速、膨大；壳面黄褐色至灰褐色，有稠密而细致的生长线。体螺层周缘或缝合线处常有一条暗褐色条带，有些个体无。

发生规律

蜗牛属雌雄同体、异体交配的动物，一般一年繁殖 1 ~ 3 代。11 月下旬以成贝和幼贝在田埂土缝、残株落叶、宅前屋后的砖块瓦片等物体下越冬。翌年 3 月中上旬开始活动；4 月下旬至 5 月上旬成贝开始交配产卵，成贝一年可多次产卵，卵多产于潮湿疏松的土里或枯叶下，每只成贝可产卵 50 ~ 300 粒；6 ~ 9 月活动最为旺盛，10 月下旬开始下降。

蜗牛白天潜伏，傍晚或清晨取食，遇有阴雨天则整天栖息在植株上。卵表面具黏液，干燥后卵粒黏在一起成块状，初孵幼贝多群集在一起聚食，长大后分散为害，喜栖息在植株茂密、低洼潮湿处。一般成贝存活 2 年以上，在阴雨多、湿度大、温度高的季节繁殖很快。蜗牛行动时分泌黏液，黏液遇空气干燥发亮，因此蜗牛爬行的地面会留下黏液痕迹。

绿色防控技术

1. 农业措施

（1）清洁田园。铲除田间、地头、垄沟旁边的杂草，及时中耕松土、排除积水等，破坏蜗牛栖息和产卵场所。

（2）深翻土地。秋后及时深翻土壤，可使部分越冬成贝、幼贝暴露于地面冻死或被天敌啄食，卵则被晒爆裂而死。

（3）石灰隔离。地头或行间撒 10cm 左右宽的生石灰带，每亩用生石灰 5 ~ 7.5kg，使越过石灰带的蜗牛被杀死。

2. 理化诱控 利用蜗牛昼伏夜出、黄昏为害的特性，在田间或保护地中（温室或大棚）放置瓦块、菜叶、树叶、杂草或扎成把的树枝（图 5），白天蜗牛常躲在其中，可集中捕杀。

3. 科学用药

（1）毒饵诱杀。用含 2.5% ~ 6% 有效成分多聚乙醛的豆饼（磨碎）或玉米粉等毒饵，在傍晚时，均匀撒施在田垄上进行诱杀。

图 5　柳树枝把

（2）撒颗粒剂。用 8% 灭蛭灵颗粒剂，或 10% 多聚乙醛颗粒剂，每亩用 2 kg，均匀撒于田间进行防治。

（3）喷洒药液。当清晨蜗牛未潜入土时，用硫酸铜 800 ~ 1 000 倍液，或氨水 70 ~ 100 倍液，或 1% 食盐水，喷洒防治。

二十四、 蛴螬

分布与为害

蛴螬（图1）是鞘翅目金龟甲总科幼虫的总称，在我国为害最重的种类是大黑鳃金龟甲、暗黑鳃金龟甲和铜绿丽金龟甲。大黑鳃金龟甲国内除西藏尚未报道外，各省（区）均有分布。暗黑鳃金龟甲各省（区）均有分布，为长江流域及其以北旱作地区的重要地下害虫。铜绿丽金龟甲国内除西藏、新疆尚未报道外，其他各省（区）均有分布。另外，还有白星花金龟甲（图2）、小青花金龟甲（图3）等。

蛴螬食性很杂，可以为害多种农作物、牧草及果树和林木的幼苗。蛴螬取食萌发的种子，咬断幼苗的根、茎（图4），断口整齐平截，轻则缺苗断垄，重则毁种绝收。许多种类的成虫还喜食农作物和果树、林木的叶片、嫩芽、花蕾等，造成严重损失。

图1 蛴螬

图2 白星花金龟甲为害玉米穗

图 3 小青花金龟甲为害玉米

图 4 蛴螬为害玉米苗根茎部

形态特征

1. 大黑鳃金龟甲

（1）成虫（图 5）。体长 16 ~ 22mm，宽 8 ~ 11mm。体色黑色或黑褐色，具光泽。触角 10 节，鳃片部 3 节呈黄褐色或赤褐色，其长度约为其后 6 节的长度。鞘翅长椭圆形，其长度为前胸背板宽度的 2 倍，每侧有 4 条明显的纵肋。前足胫节外齿 3 个，内方距 1 根；中、后足胫节末端距 2 根。臀节外露，背板向腹下包卷，与腹板相会合于腹面。雄性前臀节腹板中间具明显的三角形凹坑，雌性前臀节腹板中间无三角形凹坑，但具 1 个横向的枣红色菱形隆起骨片。

（2）卵。初产时长椭圆形，长约 2.5mm，宽约 1.5mm，白色略带黄绿色光泽；发育后期近球形，长约 2.7mm，宽约 2.2mm，洁白有光泽。

（3）幼虫。3 龄幼虫（图 6）体长 35 ~ 45mm，头宽 4.9 ~ 5.3mm。

图 5 大黑鳃金龟甲成虫

图 6 大黑鳃金龟甲 3 龄幼虫

头部前顶刚毛每侧3根，其中冠缝侧2根，额缝上方近中部1根。肛腹板后覆毛区无刺毛列，只有钩状毛散乱排列，多为70～80根。

（4）蛹。长21～23mm，宽11～12mm，化蛹初期为白色，以后变为黄褐色至红褐色，复眼的颜色依发育进度由白色依次变为灰色、蓝色、蓝黑色至黑色。

2. 暗黑鳃金龟甲

（1）成虫。体长17～22mm，宽9.0～11.5mm。长卵形，暗黑色或红褐色，无光泽。前胸背板前缘具有成列的褐色长毛。鞘翅伸长，两侧缘几乎平行，每侧4条纵肋不显。腹部臀节背板不向腹面包卷，与肛腹板相会合于腹末（图7）。

（2）卵初产时长约2.5mm，宽约1.5mm，长椭圆形；发育后期近球形，长约2.7mm，宽约2.2mm。

（3）幼虫。3龄幼虫（图8）体长35～45mm，头宽5.6～6.1mm。头部前顶刚毛每侧1根，位于冠缝侧。肛腹板后部覆毛区无刺毛列，只有散乱排列的钩状毛70～80根。蛹长20～25mm，宽10～12mm，腹部背面具发音器2对，分别位于腹部4、5节和5、6节交界处的背面中央，尾节呈三角形，两尾角呈钝角分开。

图7　暗黑鳃金龟甲成虫

图8　暗黑鳃金龟甲3龄幼虫

3. 铜绿丽金龟甲

（1）成虫。体长19～21mm，宽10～11.3mm。背面铜绿色，其中头、前胸背板、小盾片色较浓，鞘翅色较淡，有金属光泽。唇基前缘、前胸背板两侧呈淡黄褐色。鞘翅两侧具不明显的纵肋4条，肩部具疣状突起。臀板三角形，黄褐色，基部有1个倒正三角形大黑斑，两侧各有1个小椭圆形黑斑（图9）。

图9　铜绿丽金龟甲成虫

（2）卵。初产时椭圆形，长1.65 ~ 1.93mm，宽1.30 ~ 1.45mm，乳白色；孵化前呈球形，长2.37 ~ 2.62mm，宽2.06 ~ 2.28mm，卵壳表面光滑。

（3）幼虫。3龄幼虫体长30 ~ 33mm，头宽4.9 ~ 5.3mm。头部前顶刚毛每侧6 ~ 8根，排成一纵列。肛腹板后部覆毛区刺毛列由长针状刺毛组成，每侧多为15 ~ 18根，两列刺毛尖端大多彼此相遇或交叉，仅后端稍许岔开些，刺毛列的前端远没有达到钩状刚毛群的前部边缘。蛹长18 ~ 22mm，宽9.6 ~ 10.3mm，体稍弯曲，腹部背面有6对发音器，臀节腹面上，雄蛹有4列的疣状突起，雌蛹较平坦，无疣状突起。

发生规律

大黑鳃金龟甲在我国仅华南地区一年发生1代，以成虫在土中越冬；其他地区均是两年发生1代，成虫、幼虫均可越冬，但在两年1代区，存在不完全世代现象。在北方越冬成虫于春季10cm土温上升到14 ~ 15℃时开始出土，达17℃以上时成虫盛发。5月中下旬田间始见卵，6月上旬至7月上旬为产卵盛期，末期在9月下旬。卵期10 ~ 15天，6月上中旬开始孵化，盛期在6月下旬至8月中旬。孵化幼虫除极少一部分当年化蛹羽化，大部分当秋季10cm土温低于10℃时，即向深土层移动，低于5℃时全部进入越冬状态。越冬幼虫翌年春季当10cm土温上升到5℃时开始活动。大黑鳃金龟甲种群的越冬虫态既有幼虫又有成虫。以幼虫越冬为主的年份，翌年春季麦田和春播作物受害重，而夏秋作物受害轻；以成虫越冬为主的年份，翌年春季作物受害轻，夏秋作物受害重。出现隔年严重为害的现象，即常说的"大小年"。

　　暗黑鳃金龟甲在江苏、安徽、河南、山东、河北、陕西等地均是一年发生1代，多数以3龄幼虫筑土室越冬，少数以成虫越冬。以成虫越冬的，成为翌年5月出土的虫源。以幼虫越冬的，一般春季不为害，于4月初至5月初开始化蛹，5月中旬为化蛹盛期。蛹期15～20天，6月上旬开始羽化，盛期在6月中旬，7月中旬至8月上旬为成虫活动高峰期。7月初田间始见卵，盛期在7月中旬，卵期8～10天，7月中旬开始孵化，7月下旬为孵化盛期。初孵幼虫即可为害，8月中下旬为幼虫为害盛期。

　　铜绿丽金龟甲一年发生1代，以幼虫越冬。越冬幼虫在春季10cm土温高于6℃时开始活动，3～5月有短时间为害。在安徽、江苏等地越冬幼虫于5月中旬至6月下旬化蛹，5月底为化蛹盛期。成虫出现始期为5月下旬，6月中旬进入活动盛期。产卵盛期在6月下旬至7月上旬。7月中旬为卵孵化盛期，孵化幼虫为害至10月中旬。当10cm土温低于10℃时，开始下潜越冬。越冬深度大多在20～50cm。室内饲养观察表明，铜绿丽金龟甲的卵期、幼虫期、蛹期和成虫期分别为7～13天、313～333天、7～11天和25～30天。在东北地区，春季幼虫为害期略迟，盛期在5月下旬至6月初。

绿色防控技术

1. 农业措施

　　（1）土地翻耕。大面积深耕，并随犁拾虫，以降低虫口数量（图10、图11）。

　　（2）合理施肥。施腐熟厩肥，蛴螬成虫对未腐熟的厩肥有强烈趋性，易带入大量虫源；碳酸氢铵、腐殖酸铵等化学肥料散发出的氨气对蛴螬等地下害虫具有一定的驱避作用。

　　（3）合理灌溉。蛴螬发育最适宜的土壤含水量为15%～20%，

图10　土壤深翻　　　　　　　　　　图11　土壤深翻后

如持续过干或过湿，卵不能孵化，幼虫致死，成虫的繁殖和生活力严重受阻。因此，在蛴螬发生严重的地块，合理灌溉，促使蛴螬向土层深处转移，避开幼苗最易受害时期。

2. 理化诱控

（1）灯光诱杀。金龟子发生盛期，使用频振式杀虫灯连片规模设置，防治成虫效果极佳。一般6月中旬开始开灯，8月底撤灯，每日开灯时间为晚上9时至次日凌晨4时。

（2）信息素诱杀。金龟子发生盛期，在田间安置人工合成的金龟子信息素诱捕器，捕杀诱到的活虫。

（3）食饵诱杀。650g/L夜蛾利它素饵剂等食诱剂对很多害虫有强烈的吸引作用。在金龟子始盛期，将食诱剂与水按一定比例及适量胃毒杀虫剂混匀，倒入盘形容器内，放入田间或周边，及时检查补充水分。可诱杀取食补充营养的金龟子及棉铃虫、甜菜夜蛾、银纹夜蛾等害虫成虫。

（4）枝把诱杀。在成虫发生盛期，将新鲜榆树枝用40%氧化乐果，或90%晶体敌百虫处理后，扎把插入玉米田内，每亩4～5把，诱杀成虫。

3. 生态调控　在地边田埂种植蓖麻，每亩点种20～30棵，毒杀取食的成虫，或在地边、路旁种植少量杨树、榆树等矮小幼苗或灌木丛为诱集带，成虫发生期人工集中捕杀或施药毒杀。

4. 生物防治

（1）生物农药防治。培养大黑金龟乳状芽孢杆菌、苏云金杆菌、虫霉真菌盘状轮枝孢及绿僵菌和布氏白僵菌、昆虫病原线虫（异小杆科和斯氏线虫科），接种土壤内，使蛴螬感病致死。

（2）释放天敌。可以释放蛴螬天敌昆虫钩土蜂和食虫虻，控制蛴螬为害。

5. 化学防治

（1）土壤处理。播种前每亩用0.08%噻虫嗪颗粒剂40～50kg撒施后旋耕，也可每亩用50%辛硫磷乳油200～250g，兑10倍的水，喷于25～30kg细土中拌匀成毒土，顺垄条施，随即浅锄，能收到良好效果，并兼治金针虫和蝼蛄等地下害虫。

（2）种子处理。拌种用的药剂主要有50%辛硫磷，其药剂、水、种子重量比一般为1：（30～40）：（400～500），也可用25%辛硫磷胶囊剂，或用种子重量2%的35%克百威种衣剂拌种，亦能兼治金针虫和蝼蛄等地下害虫。

（3）沟施毒饵。每亩用25%辛硫磷胶囊剂150～200g拌谷子等饵料5kg左右，或50%辛硫磷乳油50～100g拌饵料3～4kg，撒于种沟中，兼治蝼蛄和金针虫等地下害虫。

二十五、　　蝼　蛄

分布与为害

蝼蛄又称大蝼蛄、拉拉蛄、地拉蛄。对农作物为害严重的蝼蛄在我国主要有两种，即华北蝼蛄和东方蝼蛄，均属直翅目蝼蛄科。华北蝼蛄分布在北纬 32° 以北地区，东方蝼蛄主要分布在我国北方各地。

蝼蛄以成虫、若虫咬食各种作物的种子和幼苗，特别喜食刚发芽的种子，造成严重缺苗、断垄；也咬食幼根和嫩茎，扒成乱麻状或丝状，使幼苗生长不良甚至死亡。特别是蝼蛄在土壤表层善爬行，往来乱窜，将表土钻成许多隧道（图1），造成种子架空，幼苗吊根，导致种子不能发芽，幼苗失水而死，造成严重的缺苗断垄。

图1　蝼蛄隧道

形态特征

1. 华北蝼蛄

（1）成虫。雌虫体长 45 ~ 50mm，最大可达 66mm，头宽 9mm；雄虫体长 39 ~ 45mm，头宽 5.5mm。体黑褐色，密被细毛，腹部近圆筒形。前足腿节下缘呈"S"形弯曲，后足胫节内上方有刺 1 ~ 2 根（或无刺）（图2）。

（2）卵。椭圆形，卵初产时黄白色，后变为黄褐色，孵化前呈深灰色（图3）。

（3）若虫。共13龄，初龄若虫体长3.6～4mm，末龄若虫体长36～40mm。初孵化若虫头、胸特别细，腹部很肥大，全身乳白色，复眼淡红色，以后颜色逐渐加深，5～6龄后基本与成虫体色相似。

图2　华北蝼蛄成虫　　　　　　　图3　华北蝼蛄卵

2. 东方蝼蛄

（1）成虫。雌虫体长31～35mm，雄虫30～32mm，体黄褐色，密被细毛，腹部近纺锤形。前足腿节下缘平直，后足胫节内上方有等距离排列的刺3～4根（或4根以上）（图4）。

（2）卵。椭圆形，卵初产时乳白色，渐变为黄褐色，孵化前为暗紫色。

（3）若虫。初龄体长约4mm，末龄体长约25mm。初孵若虫头、胸特别细，腹部很肥大，全身乳白色，复眼淡红色，腹部红色或棕色，半天以后，头、胸、足逐渐变为灰褐色，腹部淡黄色，2、3龄以后若虫体色接近成虫（图5）。

图4　东方蝼蛄成虫　　　　　　　图5　东方蝼蛄若虫

发生规律

华北蝼蛄3年左右才能完成1代。在北方以8龄以上若虫或成虫越冬，翌年春季3月中下旬成虫开始活动，4月出窝转移，地表出现大量虚土隧道。6月开始产卵，6月中下旬孵化为若虫，进入10～11月以8～9龄若虫越冬。该虫完成1代共1131天，其中卵期11～23天，若虫12龄历期736天，成虫期378天。黄淮海地区20cm土温达8℃的3～4月即开始活动，交配后在土中15～30cm处做土室，卵产在土室中，产卵期1个月；产卵3～9次，每只雌虫平均产卵量288～368粒。成虫夜间活动，有趋光性。

东方蝼蛄在北方地区两年发生1代，在南方1年发生1代，以成虫或若虫在地下越冬。清明后上升到地表活动，在洞口可顶起一小堆虚土。5月上旬至6月中旬是蝼蛄最活跃的时期，也是第一次为害高峰期；6月下旬至8月下旬，天气炎热，转入地下活动，6～7月为产卵盛期；9月气温下降时，再次上升到地表，形成第二次为害高峰；10月中旬以后，陆续钻入深层土中越冬。蝼蛄昼伏夜出，以夜间9～11时活动最盛，特别在气温高、湿度大、闷热的夜晚，大量出土活动。早春或晚秋因气候凉爽，仅在表土层活动而不到地面上，在炎热的中午常潜至深土层。蝼蛄具趋光性，并对香甜物质具有强烈趋性。成虫、若虫均喜松软潮湿的壤土或砂壤土，20cm表土层含水量20%以上最适宜，含水量小于15%时活动减弱。蝼蛄最适宜气温为12.5～19.8℃、20cm土温为15.2～19.9℃，温度过高或过低时，蝼蛄则潜入深层土中。

绿色防控技术

1. 农业措施

（1）秋收后深翻土地，降低越冬若虫基数。

（2）合理轮作。优化种植制度，调整茬口，实行合理轮作，改良盐碱地，有条件的地区实行水旱轮作。

（3）适时灌水。通过浇水（图6），迫使蝼蛄转移，在蝼蛄受淹浮出水面时，可进行捕杀。秋收后，进行大水灌地，迫使向深层迁移的蝼蛄向上迁移，在结冻前深翻，把翻上地表的害虫冻死。

图6　浇水

2. 理化诱控　成虫盛发期，使用黑光灯、频振式杀虫灯进行诱杀。

3. 生物防治

（1）保护利用天敌。蝼蛄天敌有步甲（图7）、蠼螋（图8）、鸟雀及一些菌类、病毒等，对这些天敌可加以保护利用。在农田周围栽植杨树、刺槐等防风林，招引红脚隼、喜鹊（图9）、戴胜（图10）、黑枕黄鹂（图11）和红尾伯劳（图12）等益鸟筑巢栖息，捕食蝼蛄。施用化学农药时要尽量选用高效、低毒、低残留、选择性

图7　步甲

图8　蠼螋

图9　喜鹊

图10　戴胜

213

图11 黑枕黄鹂

图12 红尾伯劳

强、对天敌安全的药剂品种和隐蔽施药方法。

（2）生物农药防治。可每亩用150亿个孢子/g球孢白僵菌可湿性粉剂250～300g，或10亿孢子/g金龟子绿僵菌CQMa128微粒剂3 000～5 000g等生物制剂，拌细土或细沙10～20kg，于玉米播种期穴施，或加水稀释，喷施于播种沟内。

4. 化学防治

（1）土壤处理。每亩用50%辛硫磷乳油200～250g，兑10倍的水，与25～30kg细土拌匀成毒土，顺垄条施，随即浅锄，或以同样用量的毒土撒于种沟或地面，随即耕翻，或混入厩肥中施用，或结合灌水施入；或每亩用5%辛硫磷颗粒剂2.5～3kg，或30%毒·辛微囊悬浮剂1～1.5kg处理土壤，都能收到良好的效果，且能兼治金针虫和蛴螬。

（2）种子处理。用50%辛硫磷乳油100mL，兑水2～3kg，拌玉米种40kg，拌后堆闷2～3小时，对蝼蛄、蛴螬、金针虫的防效均好。

（3）毒饵防治。在蝼蛄盛发期，选用炒香的麦麸、豆饼、棉籽饼、谷糠或玉米碎粒、鲜菜、鲜草及块根、块茎等蝼蛄喜食的饵料，加入1%的90%敌百虫晶体，或50%二嗪磷乳油，或40%灭多威可溶性粉剂，或20%氰戊·马拉松乳油，或30%毒·辛微囊悬浮剂等，加适量水拌成毒饵，于傍晚撒施或堆施于田间蝼蛄出没的地方，每亩施2～3kg，对蝼蛄有良好的诱杀效果。

二十六、　金针虫

分布与为害

　　金针虫是鞘翅目叩头甲科的幼虫，又称叩头虫、沟叩头甲、土蚰蜒、芨芨虫、钢丝虫。我国为害农作物最主要的是沟金针虫、细胸金针虫和褐纹金针虫。沟金针虫分布在我国的北方；细胸金针虫主要分布在黑龙江、内蒙古、新疆、福建、湖南、贵州、广西、云南。褐纹金针虫主要分布在华北、东北、西北及河南等地。

　　三种金针虫的寄主有各种农作物、果树及蔬菜等。幼虫在土中取食播种下的种子、萌出的幼芽、农作物和菜苗的根部（图1），使作物枯萎致死，造成缺苗断垄，甚至全田毁种（图2）。有的钻蛀块茎或种子，蛀成孔洞，致受害株干枯死亡。

图1　金针虫为害玉米根部

图2　金针虫为害玉米苗，致缺苗断垄

形态特征

1. 沟金针虫

（1）成虫。深栗色，密被金黄色细毛。头部扁平，头顶呈三角形凹陷，密布刻点。前胸背板前狭后宽，宽大于长，后缘角突出外方。雌成虫（图3）虫体扁平，体长 14 ~ 17mm，宽 4 ~ 5mm；触角 11 节，黑色，锯齿状，长约为前胸的 2 倍；前胸背板发达，呈半球状隆起，中央有微细纵沟；

图3　沟金针虫雌成虫

鞘翅长约为前胸的 4 倍，其上纵沟不明显，后翅退化。雄成虫虫体狭长，体长 14 ~ 18mm，宽约 3.5mm；触角 12 节，丝状，长达鞘翅末端；鞘翅长约为前胸的 5 倍，其上纵沟明显，有后翅；足细长。

（2）卵。近椭圆形，乳白色。

（3）幼虫。老熟幼虫（图4）体长 20 ~ 30mm，细长筒形略扁，体壁坚硬而光滑，具黄色细毛，尤以两侧较密。体黄色，前头和口器暗褐色，头扁平，上唇呈三叉状突起，胸、腹部背面中央有 1 条细纵沟。尾端分叉，并稍向上弯曲，各叉内侧有 1 枚小齿。各体节宽大于长，从头部至第 9 腹节渐宽。

（4）蛹。蛹为裸蛹，纺锤形，末端瘦削，有刺状突起。初淡绿色，后变褐色。雌蛹长 16 ~ 22mm，宽约 4.5mm，触角长至后胸后缘；雄蛹体长 15 ~ 17mm，宽约 3.5mm，触角长达第 7 腹节（图5）。

图4　沟金针虫老熟幼虫

图5　沟金针虫雄蛹

2. 细胸金针虫

（1）成虫。体长 8 ~ 9mm，宽约 2.5mm。体细长，暗褐色，有光泽，密生灰色短毛（图 6）。触角细短，红褐色，第 2 节球形。前胸背板略呈圆形，长大于宽，后缘角尖锐伸向后方。鞘翅长约为头胸部的 2 倍，末端趋尖，上有 9 条纵列刻点。足赤褐色。

（2）幼虫。末龄幼虫（图 7）体长约 32mm，宽约 1.5mm，细长圆筒形，淡黄色，光亮。头部扁平，口器深褐色。第 1 ~ 8 腹节略等长，尾节圆锥形，近基部两侧各有 1 个褐色圆斑和 4 条褐色纵纹，顶端具 1 个圆形突起。

（3）蛹。蛹为裸蛹，长纺锤形，体长 8 ~ 9mm。初乳白色，后逐渐加深变黄色。羽化前复眼黑色，口器淡褐色，翅芽灰黑色。尾节末端有 1 对短锥状刺，向后呈钝角岔开（图 8、图 9）。

图 6 细胸金针虫成虫

图 7 细胸金针虫末龄幼虫

图 8 细胸金针虫蛹初乳白色

图 9 细胸金针虫蛹后期体色变为黄色

3. 褐纹金针虫

（1）成虫。体长 9mm，宽 2.7mm，体细长，黑褐色，被灰色短毛；头部黑色，向前凸，密生刻点；触角暗褐色，第 2、3 节近球形，第 4 节较第 2、3 节长。前胸背板黑色，刻点较头上的小，后缘角后突。鞘翅长为胸部的 2.5 倍，黑褐色，具纵列刻点 9 条，腹部暗红色，足暗褐色。

（2）幼虫。末龄幼虫体长 25mm，宽 1.7mm，体圆筒形，细长，棕褐色具光泽（图 10）。第 1 胸节、第 9 腹节红褐色。头梯形扁平，上生纵沟并具小刻点，体背具微细刻点和细沟，第 1 胸节长，第 2 胸节至第 8 腹节各节的前缘两侧，均具深褐色新月形斑纹。尾节扁平且尖，尾节前缘具半月形斑 2 个，前部具纵纹 4 条，后半部具皱纹且密生粗大刻点（图 11）。幼虫共 7 龄。

图 10　褐纹金针虫幼虫

图 11　褐纹金针虫幼虫尾节（腹面）

发生规律

沟金针虫两三年发生 1 代，以幼虫和成虫在土中越冬。在北京，3 月中旬 10cm 土温平均为 6.7℃时，幼虫开始活动；3 月下旬 10cm 土温达 9.2℃时，开始为害，4 月上中旬 10cm 土温为 15.1 ~ 16.6℃时为害最烈。5 月上旬 10cm 土温为 19.1 ~ 23.3℃时，幼虫则渐趋 13 ~ 17cm 深土层栖息；6 月 10cm 土温达 28℃以上时，沟金针虫下潜至深土层越夏。9 月下旬至 10 月上旬，10cm 土温下降到 18℃左右时，幼虫又上升到表土层活动。10 月下旬随土温下降幼虫开始下潜，至 11 月下旬 10cm 土温平均为 1.5℃时，沟金针虫潜于 27 ~ 33cm 深的土层越冬。雌成虫无飞翔能力，雄成虫善飞，有趋光性。白天潜伏于表土内，夜间出土交配、产卵。由于沟金针虫雌成虫活动能力弱，一般多在原地交尾产卵，故扩散为害受到限制，因此在虫口高的田内一次防治后，在短期内种群密度不易回升。

细胸金针虫在陕西两年发生 1 代。据西北农林科技大学报道，在室内饲养发现细胸金针虫有世代多态现象。冬季以成虫和幼虫在土下 20 ~ 40cm 深处越冬，翌年 3 月中上旬，10cm 土温平均 7.6 ~ 11.6℃时，成虫开始出土活动，4 月中下旬 10cm 土温 15.6℃左右为活动盛期，6 月中旬为末期。成虫寿命 199.5 ~ 353 天，但出土活动时间只有 75 天左右。成虫白天潜伏土块下或作物根茬中，傍晚活动。成虫出土后 1 ~ 2 小时内为交配盛期，可多次交配。产卵前期约 40 天，卵散产于表土层内。每只雌虫产卵 5 ~ 70 粒。产卵期 39 ~ 47 天，卵期 19 ~ 36 天，幼虫期 405 ~ 487 天。幼虫老熟后在 20 ~ 30cm 深处做土室化蛹，预蛹期 4 ~ 11 天，蛹期 8 ~ 22 天，6 月下旬开始化蛹，直至 9 月下旬。成虫羽化后即在土室内蛰伏越冬。

褐纹金针虫在陕西 3 年发生 1 代，以成虫、幼虫在 20 ~ 40cm 土层里越冬。翌年 5 月上旬 10cm 土温平均 17℃时越冬成虫开始出土，成虫活动适温为 20 ~ 27℃，下午活动最盛，把卵产在玉米根 10cm 处。成虫寿命 250 ~ 300 天，5 ~ 6 月进入产卵盛期，卵期 16 天。翌年以 5 ~ 7 龄幼虫越冬，第 3 年以 7 龄幼虫在 7 ~ 8 月于 20 ~ 30cm 深处化蛹，蛹期 17 天左右，成虫羽化后在土中即行越冬。

绿色防控技术

1. 农业措施　大面积秋耕、春耕，并随犁拾虫，施腐熟厩肥，合理灌水，以降低虫口数量。

2. 物理防治　人工捕杀、翻土晾晒、利用成虫的趋光性进行诱杀（图 12）。

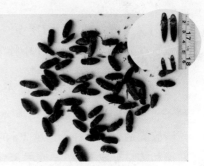

图 12　杀虫灯诱杀的金针虫

3. 生物防治

（1）保护利用天敌。金针虫天敌有蜘蛛、昆虫、鸟雀、真菌等，注意保护利用自然天敌进行控制（图13、图14）。

（2）植物性农药。利用一些植物的杀虫活性物质防治地下害虫，如油桐叶、蓖麻叶和牧荆叶的水浸液，以乌药、芫花、马醉木、苦皮藤、臭椿和茶皂素等的茎、根磨成粉后防治地下害虫效果较好。

（3）性信息素诱杀。金针虫成虫出土后，利用性信息素诱杀成虫。

（4）生物制剂防治。寄生金针虫的真菌种类主要有白僵菌和绿僵菌。每亩可用150亿个孢子/g球孢白僵菌可湿性粉剂250～300g，或10亿个孢子/g金龟子绿僵菌CQMa128微粒剂3 000～5 000g等生物制剂，拌细土或细沙10～20kg，于大豆播种期穴施，或加水稀释，喷施于播种沟内。

图13　沟金针虫被天敌寄生　　　　　　图14　金针虫幼虫被天敌捕食

4. 化学防治

（1）土壤处理。每亩用50%辛硫磷乳油200～250g，兑10倍的水，喷于25～30kg细土中拌匀成毒土，顺垄条施，随即浅锄，能收到良好的效果，且能兼治蛴螬和蝼蛄等地下害虫。

（2）种子处理。拌种用的药剂主要有50%辛硫磷，其药剂、水、种子重量比一般为1:（30～40）:（400～500），也可用25%辛硫磷胶囊剂，或用种子重量2%的35%克百威种衣剂拌种，亦能兼治蛴螬和蝼蛄等地下害虫；或用35%噻虫嗪悬浮种衣剂300～440mL拌种100kg。

（3）沟施毒谷。每亩用25%辛硫磷胶囊剂150～200g拌谷子等饵料5kg左右，或50%辛硫磷乳油50～100g拌饵料3～4kg，撒于种沟中，可兼治蛴螬和蝼蛄等地下害虫。

二十七、 地老虎

分布与为害

地老虎又名土蚕、地蚕、黑土蚕、黑地蚕，属鳞翅目夜蛾科，主要种类有小地老虎、黄地老虎、大地老虎和八字地老虎等。小地老虎在我国各地均有发生，黄地老虎主要分布在西北和黄河流域。地老虎食性较杂，可为害棉花、玉米、烟草、芝麻、豆类和多种蔬菜等春播作物，也取食藜、小蓟等杂草，是多种作物苗期的主要害虫。

幼虫在土中咬食种子、幼芽，老龄幼虫可将幼苗茎基部咬断（图1），造成缺苗断垄（图2），1、2龄幼虫啃食叶肉，残留表皮呈窗孔状。子叶受害，可形成很多孔洞或缺刻。1只地老虎幼虫可为害3～5株幼苗，多的达10株以上。

图1 地老虎幼虫咬断玉米苗根基部

图2 地老虎幼虫为害玉米，致缺苗断垄

形态特征

1. 小地老虎

（1）成虫。体长 17 ~ 23mm，灰褐色，前翅有肾形斑、环形斑和棒形斑。肾形斑外边有 1 个明显的尖端向外的楔形黑斑，亚缘线上有 2 个尖端向里的楔形斑，3 个楔形斑相对，易识别（图3、图4）。

图3　小地老虎成虫

图4　小地老虎成虫的翅

（2）幼虫。老熟幼虫（图 5 ~ 图 7）体长 37 ~ 50mm，头部褐色，有不规则褐色网纹，臀板上有 2 条深褐色纵纹。

（3）蛹。体长 18 ~ 24mm，第 4 ~ 7 节腹节基部有一圈刻点，在背面的大而深，末端具 1 对臀刺。

图5　小地老虎幼虫

图6　受惊缩成环形的小地老虎幼虫

图7　小地老虎老熟幼虫

2. 黄地老虎

（1）成虫。体长 14 ~ 19mm，前翅黄褐色，有 1 个明显的黑褐色肾形斑和黄色斑纹（图8、图9）。

（2）幼虫。老熟幼虫体长 33 ~ 45mm，头部深黑褐色，有不规则的深褐色网纹，臀板有 2 个大块黄褐色斑纹，中央断开，有分散的小黑点。

图8　黄地老虎成虫

图9　黄地老虎成虫

3. 大地老虎

（1）成虫。体长 25 ~ 30mm，前翅前缘棕黑色，其余灰褐色，有棕黑色的肾状斑和环形斑（图10）。

（2）幼虫。老熟幼虫体长 41 ~ 60mm，黄褐色，体表多皱纹，臀板深褐色，布满龟裂状纹。

图10　大地老虎成虫

发生规律

小地老虎在黄河流域一年发生 3 ~ 4 代，长江流域一年发生 4 ~ 6 代，以幼虫或蛹越冬，黄河以北不能越冬。卵产在土块、地表缝隙、土表的枯草茎和根须上以及农作物幼苗和杂草叶片的背面。第 1 代卵孵化盛期在 4 月中旬，4 月下旬至 5 月上旬为幼虫盛发期，阴凉潮湿、杂草多、湿度大的棉田虫量多，发生重。

黄地老虎在西北地区一年发生 2 ～ 3 代，黄河流域一年发生 3 ～ 4 代，以老熟幼虫在土中越冬。翌年 3 ～ 4 月化蛹，4 ～ 5 月羽化，成虫发生期比小地老虎晚 20 ～ 30 天，5 月中旬进入第 1 代卵孵化盛期，5 月中下旬至 6 月中旬进入幼虫为害盛期。黄地老虎只有第 1 代幼虫为害秋苗。一般在土壤黏重、地势低洼和杂草多的作物田发生较重。

大地老虎在我国一年发生 1 代，以幼虫在土中越冬，翌年 3 ～ 4 月出土为害，4 ～ 5 月进入为害盛期，9 月中旬后化蛹羽化，在土表和杂草上产卵，幼虫孵化后在杂草上生活一段时间后越冬，其他习性与小地老虎相似。

绿色防控技术

1. 农业防治

（1）轮作倒茬。优化种植制度，调整茬口，合理轮作，有条件的地区实行水旱轮作。

（2）清洁田园。及时清除田间及周围的杂草、秸秆、残茬等，减少地老虎产卵场所及幼虫早期食源，消灭虫卵及幼虫。结合除草，铲掉田埂阳面约 3cm 土层，消灭黄地老虎越冬虫蛹。

图 11　苗期灌水

（3）加强田间管理。播前精细整地；合理施肥，施用充分腐熟的有机肥；苗期灌水（图 11）可消灭部分害虫。

2. 理化诱控
成虫发生期用杀虫灯、黑光灯、杨树枝把和糖醋液（糖、醋、酒、水重量比为 6 ∶ 3 ∶ 1 ∶ 10）等方法可诱杀地老虎成虫；也可用甘薯、胡萝卜、烂水果等发酵变酸的食物，加入适量杀虫剂诱杀成虫。幼虫发生期，每亩用水浸泡的新鲜泡桐叶或莴苣叶 70 ～ 90 片，于傍晚均匀放在田内地面上，次日清晨检查捕捉幼虫，或在叶片上喷施敌百虫等杀虫剂100倍药液诱杀幼虫，一次放叶效果可保持4~5天。

3. 生态调控 在田间或畦沟边零星栽植一些大葱、红花、芝麻、谷子等地老虎喜食的蜜源植物或喜产卵的作物，引诱成虫取食和产卵，然后集中消灭。

4. 生物防治

（1）保护利用天敌。地老虎的天敌种类较多，主要有寄生蜂、寄生蝇、寄生螨、步甲、虎甲（图12）、虻（图13）、蜘蛛、蟾蜍（图14）、知更鸟（图15）、鸦雀及细菌、真菌、线虫、病毒等，对地老虎的发生有一定的抑制作用，注意保护利用天敌。

（2）生物农药防治。每亩可用150亿个孢子/g球孢白僵菌可湿性粉剂250~300g，或5亿PIB/g甘蓝夜蛾核型多角体病毒颗粒剂1 500~3 000g，或0.3%苦参碱可湿性粉剂5 000~10 000g等生物制

图12 虎甲

图13 食虫虻

图14 蟾蜍

图15 知更鸟

剂，拌细土或细沙 10 ~ 20kg，于玉米播种期穴施，或加水稀释，喷施于播种沟内；地老虎 1 ~ 2 龄幼虫盛发期，可选用 16 000IU/mg 苏云金杆菌可湿性粉剂 1 000 ~ 1 500 倍液，或 100 亿孢子 /mL 短稳杆菌悬浮剂 500 ~ 1 000 倍液，或 1.8% 阿维菌素乳油 1 500 ~ 2 000 倍液等，在傍晚对玉米幼苗及地表均匀喷雾。也可选用 20 亿 PIB/mL 甘蓝夜蛾核型多角体病毒悬浮剂 50 ~ 100mL，或 10% 多杀霉素悬浮剂 25 ~ 40mL，或 5% 甲氨基阿维菌素苯甲酸盐微乳剂 15 ~ 20mL 等，兑水 40 ~ 50kg，对玉米幼苗茎叶及地表均匀喷雾。

5. 科学用药　地老虎 1 ~ 3 龄幼虫抗药性差，且暴露在寄主植株或地面上，此时是药液喷雾防治的最佳时期；4 ~ 6 龄幼虫，因其隐蔽为害，可使用撒毒土和灌根的方法防治。

（1）种子处理。播种前，可用种子重量 2.8% ~ 4% 的 25% 甲·克悬浮种衣剂，或 1.7% ~ 2.4% 的 39% 氟氯·毒死蜱种子处理浮剂，或 0.4% ~ 0.5% 的 50% 氯虫苯甲酰胺悬浮种衣剂等拌种或包衣。按药种比，可选用 3% 辛硫磷水乳种衣剂 1 ∶（30 ~ 40），或 20% 甲柳·福美双悬浮种衣剂 1 ∶（40 ~ 50）等拌种或包衣。

（2）毒草毒饵诱杀。选用苜蓿、小蓟、苦荬菜、打碗花、艾草、繁缕等地老虎喜食的鲜草或菜叶切碎，或炒香的麦麸、豆饼、花生饼、玉米碎粒等饵料，按青草或饵料量的 0.5% ~ 1% 拌入敌百虫晶体，或 40% 乐果乳油、40% 甲基异柳磷乳油、48% 毒死蜱乳油等杀虫剂，加适量水拌匀，制成毒草或毒饵，傍晚成小堆撒入田间或幼苗周围，每亩撒施毒草 15 ~ 20kg 或毒饵 4 ~ 5kg，兼诱杀蝼蛄等害虫。

（3）撒施毒土。每亩可选用 15% 毒死蜱颗粒剂 1 ~ 1.5kg，或 5% 二嗪磷颗粒剂 2 ~ 3kg，或 3% 辛硫磷颗粒剂 6 ~ 8kg，或 0.2% 联苯菊酯颗粒剂 3 ~ 5kg，或 3% 阿维·吡虫啉颗粒剂 1.5 ~ 2kg 等，加细土 20 ~ 30kg 拌匀，顺垄撒在幼苗根际；也可选用 30% 毒·辛微囊悬浮剂 400 ~ 500mL，或 30% 毒死蜱微囊悬浮剂 400 ~ 500mL 等，拌细土 20 ~ 30kg，均匀撒施在幼苗根际附近。

（4）药液灌根。可选用 30% 毒·辛微囊悬浮剂 1 000 ~ 1 500 倍液，或 50% 马拉硫磷乳油 1 000 倍液，或 40% 乐果乳油 1 000 倍液等灌根，或在灌溉时顺水冲施，但用药量比灌根要增加 1 ~ 2 倍。

（5）药液喷雾。每亩可选用 48% 毒死蜱乳油 60 ~ 80mL，或 2.5% 溴氰菊酯乳油 30 ~ 40mL，或 200g/L 氯虫苯甲酰胺悬浮剂 8 ~ 10mL，或 10.5% 甲维·氟铃脲水分散粒剂 20 ~ 40g 等，兑水 50 ~ 75kg，均匀喷雾。也可选用 20% 高效氯氟氰菊酯微囊悬浮剂 1 500 ~ 2 000 倍液，或 1.8% 阿维菌素乳油 1 500 ~ 2 000 倍液，或 15% 茚虫威悬浮剂 2 000 ~ 3 000 倍液，或 20% 高氯·马乳油 1 500 倍液，或 30% 毒·辛微囊悬浮剂 1 000 ~ 1 500 倍液等，在傍晚对玉米幼苗及地表均匀喷雾，以喷湿地表为度。

第四部分　玉米主要有害生物全程绿色防控技术模式

一、 防控对象及策略

（一）防控对象

重点防控对象是玉米弯孢霉叶斑病、玉米褐斑病、玉米大小斑病、玉米黑穗病、玉米青枯病、玉米粗缩病、玉米穗腐病等病害，玉米螟、草地贪夜蛾、棉铃虫、黏虫、玉米蚜、玉米蓟马等虫害。

（二）防控策略

贯彻"预防为主,综合防治"的植保方针和"科学植保、公共植保、绿色植保"的工作理念。严格执行植物检疫法规，以种植玉米抗（耐）病虫品种和健株栽培为基础，针对玉米全生育期不同阶段的防控重点，因地制宜，采取农业措施、理化诱控、生态调控、生物防治、科学用药等相结合的综合防控技术，同时大力推广先进的植保机械，对重大病虫开展统防统治，提高农药的利用率，最大限度地减少化学农药的使用次数和使用量，将病虫为害控制在经济损失允许水平之下，确保农业生产、农产品质量和农业生态环境安全。

二、技术路线

（一）播种期

主攻对象是玉米土传、种传、根部病害，传毒昆虫及地下虫，兼顾苗期病虫害，具体包括玉米苗枯病、玉米黑穗病、玉米粗缩病、玉米茎基腐病、蚜虫、蓟马、地下害虫等。

（1）合理布局，轮作换茬。同一区域避免大面积种植单一玉米品种，保持生态多样性，控制病虫害的发生。在玉米茎腐病、玉米黑穗病常发区域和玉米弯孢霉叶斑病等叶斑病严重发生区，可与甘薯、大豆、棉花、马铃薯、向日葵等非寄主作物轮作换茬，尽可能避免连作，防止土壤中病原菌积累，以减轻病害的发生。

（2）清洁田园，深耕改土。及时清除田间地头作物病残体和杂草，铲除病虫栖息场所和寄主植物，结合耕作管理，人工抹卵、捡拾、捕捉害虫，集中消灭。收割机转场时，清除机具上粘附的秸秆和泥土。收获后及时将秸秆粉碎深翻（图1、图2）或腐熟还田，或离田处理，

图1　玉米收获附带粉碎

图2　粉碎的玉米秸秆

降低翌年病虫基数。在细菌性茎基腐病常发田块种植前每亩撒施生石灰粉 50 kg，进行全田土壤消毒，可杀死或减少土壤中病原菌数量。麦播时进行深耕（图 3），增加土壤通透性，改善土壤理化性状。

（3）优选种植模式。

1）农机与农艺相融合。根据当地实际情况，将常规等行播种模式改为宽窄行种植模式（图 4、图 5），实行农机与农艺相融合，既有利于提高玉米播种质量，增加田间通风透光，创造不利于玉米纹枯病、叶斑病等病虫害发生的田间小环境，减轻病虫为害，又适宜大型机械进田作业，有利于两季增产。

2）合理轮作套种。增加田间及边缘环境的多样化，将玉米与吸引天敌的其他植物进行间作（图 6、图 7）或轮作（如玉米与马铃薯、向日葵轮作），或在田间地头种植、套种蜜源植物，在田边地头设草堆，为寄生蜂提供花蜜或为蜘蛛、甲虫、螳螂和蚂蚁等多食性捕食者提供

图 3　深耕

图 4　等行播种

图 5　宽窄行种植

图 6　玉米大豆间作

栖息地，增加田间的天敌昆虫种类和数量，阻止害虫发生。

3）种植诱集植物。在玉米田边或插花种植棉花、苘麻、高粱、留种洋葱、胡萝卜等作物，或田埂种植芝麻、大豆等显花植物，形成诱集带，于盛花期可诱集棉铃虫产卵，集中杀灭。在诱集植物上喷施 0.1% 的草酸溶液，可提高诱集效果。

图 7　玉米花生间作

（4）精选良种，适期适量播种。推广种植抗耐病虫的玉米品种，适期适量播种，避开病虫侵染为害高峰期，早播田起垄、覆膜栽培，均匀下种，合理密植。春玉米应在 5 ~ 10cm 地温稳定在 10℃ 以上时播种；夏玉米在油菜、豌豆、大蒜、小麦等作物收获后或收获前一周内，及时灭茬播种或套种，避开灰飞虱一代成虫从麦田转移为害高峰期，降低粗缩病的发生为害。

（5）科学施肥，及时排灌。推广配方施肥技术，施足基肥、增施磷钾肥，适当补充锌、镁、钙等微肥，提倡施用酵素菌沤制的堆肥或充分腐熟的有机肥（图 8），杜绝施用玉米秸秆堆沤肥料；干旱时适量灌水保持田间湿度，雨后及时排出田间积水，创造有利于玉米生长发育的田间生态环境。

（6）种子处理。

1）种子消毒。细菌性病害发

图 8　充分沤制的有机肥

生严重区，在播种前，用 90% 新植霉素可湿性粉剂 1 000 倍液，或用 4% 抗霉菌素水剂 600 倍液，浸种 1 ~ 2 小时，之后在 50℃ 左右温度下保温，均可消灭种子内部潜藏的细菌。

2）种子包衣或拌种。每 10 kg 种子用 2.5% 咯菌腈 20mL，或 3%

苯醚甲环唑 40mL+70% 噻虫嗪粉剂 30g，或 50% 辛硫磷 20mL，或者用戊唑·吡虫啉、噻虫·咯·霜灵、甲霜·戊唑醇、福·克等种衣剂进行种子包衣或拌种，防治玉米苗枯病、玉米黑穗病、玉米粗缩病、玉米茎基腐病、玉米纹枯病以及蚜虫、蓟马、灰飞虱、地下害虫等。

对由瓜果腐霉菌和禾谷镰刀菌引起的玉米茎基腐病（青枯病）常发田块可采用细菌拌种、木霉菌拌种或木霉菌穴施配合细菌拌种进行生物防治。

（二）苗期

清洁田园，清除田间和地头的杂草和枯枝残叶，减少害虫滋生；合理施肥浇水，适当加大田间湿度，创造不利于害虫发生的田间小气候；结合间苗、定苗，拔除有虫苗或病苗，并带出田外销毁，减少传播为害；雨后或浇水后及时疏松表土，提高地温，破坏甜菜夜蛾等害虫的化蛹场所。

（1）防治灰飞虱、蓟马，预防玉米粗缩病。

1）色板诱杀。利用昆虫的趋色性，在田间悬挂黄色、蓝色或黄绿色粘板，高于玉米顶部 30cm 左右为宜，每亩需悬挂 20 ~ 30 块，整个生长季节可更换粘虫板 2 ~ 3 次。

2）保护利用天敌。避免在天敌的繁殖季节和活动盛期喷洒广谱性杀虫剂，推广使用高效低毒农药，严禁使用中等毒以上的农药，可明显减轻对天敌的伤害。保护和利用田间小花蝽、龟纹瓢虫、蜘蛛、赤眼蜂、草蛉等自然天敌，对玉米蓟马进行种群控制。

3）生物农药防治。在蓟马的初发期，采用 6% 乙基多杀菌素1 500~2 000 倍液喷雾，以作物中下部和地表为主，可有效防治多种蓟马。

4）科学用药。早播玉米田，在 2 ~ 3 叶期，用 10% 吡虫啉1 500 倍液、25% 吡蚜酮 2 000 倍液均匀喷雾，防治灰飞虱、蓟马等害虫，且预防玉米粗缩病。防治时可按先周边后中心的顺序进行施药，避免因害虫迁飞而影响防治效果。

（2）防治草地贪夜蛾、二代黏虫、棉铃虫、甜菜夜蛾、二点委夜蛾。

1）灯光诱杀。田间设置杀虫灯可以对多种害虫的成虫进行诱杀，降低田间落卵量，减少化学农药使用量和使用次数。按 30 ~ 40 亩安装一盏频振式杀虫灯，安装高度 1.8 ~ 2.0m，在 6 月上旬玉米出苗前开灯，可以诱杀玉米螟、棉铃虫、二点委夜蛾、黏虫、金龟子、蝼蛄等害虫。

2）食物诱杀。在田间安放糖醋液杀虫盆、650g/L 夜蛾利它素饵剂等食诱剂诱捕器或者喷施食诱剂条带，诱杀黏虫、地老虎、棉铃虫、甜菜夜蛾、金龟子等害虫成虫，利用毒饵、发酵变酸的食物等诱杀地老虎、斜纹夜蛾等害虫成虫。

糖醋液的配制：红糖、醋、水的比例为 5：20：80，或红糖、醋、酒、水的比例为 1：4：1：162。将配好的糖醋液放置容器（盆）内，以占容器体积 1/2 为宜。

3）杨树枝或草把诱杀。第 2、3 代棉铃虫成虫羽化期，将 5 ~ 10 枝高 70cm 左右的两年生杨树枝把，晾萎蔫后扎成一束，上紧下松呈伞形，傍晚插摆在田间，每亩 10 ~ 15 把，每天清晨日出之前集中用袋套住杨树枝把拍打捕杀隐藏其中的成虫。注意白天将枝把置于阴湿处，每 7 ~ 10 天更换新枝。在枝把叶片上喷蘸 90% 敌百虫可溶性粉剂 100 ~ 200 倍液，可提高诱杀效果，还可诱杀烟青虫、黏虫、斜纹夜蛾、银纹夜蛾、金龟子等。

插谷草把或稻草把诱杀黏虫在上面产卵，每亩插 60 ~ 100 个，每 5 天更换新草把，换下的草把要集中烧毁。

4）性诱剂诱杀。根据玉米田发生的二代黏虫、棉铃虫、甜菜夜蛾田间优势种群，放置诱捕器和相应种类昆虫的性诱芯，诱捕成虫。每亩放置 1 ~ 2 枚，50 亩以上连片使用，连片使用面积 100 亩以上时，每亩地 1 枚性诱芯，诱捕器间隔 30 ~ 50m，呈外密内疏放置。放置高度为诱捕器下沿离地面 0.5 ~ 1m，每 5 天清理一次诱捕器，每 30 天左右换一次诱芯。

5）保护利用天敌。6 月中旬至 7 月中旬是天敌的发生盛期，此期在使用药剂防治病虫害时，应改进施药方法，选用高效、低毒、低残留、选择性强、对天敌安全或杀伤小的农药品种，减少对天敌的杀伤；

或人工释放寄生性、捕食性天敌昆虫或病原微生物，以充分发挥天敌的自然控制作用。

6）生物农药防治。在害虫卵孵化盛期至低龄幼虫期，每亩用16 000IU/mg苏云金杆菌可湿性粉剂50～100g喷雾，防治夜蛾类害虫；或5亿个/g甜菜夜蛾或棉铃虫核型多角体病毒可湿性粉剂800～1 000mL，兑水喷雾，隔7天喷1次，连喷2次，防治甜菜夜蛾或棉铃虫。在阴天或黄昏时重点喷施新生部分及叶片背面等部位，阳光直射明显影响防治效果。

田间喷施白僵菌、绿僵菌，寄生此期间发生的夜蛾类害虫幼虫和蛹。每亩用0.5～0.75 kg（每1 g含孢子100亿个）白僵菌或绿僵菌粉配制成含孢子量1亿～1.5亿个/mL的菌液50 kg，按水量加入0.15%～0.2%的洗衣粉，形成悬浮液。喷施时结合虫情预报和气象预报，阴天施药效果较好。

7）科学用药。每亩可用50%辛硫磷乳油，或40%毒死蜱乳油，或4.5%高效氯氰菊酯乳油，或2.5%溴氰菊酯乳油50mL，或5.7%甲氨基阿维菌素苯甲酸盐10～15g、20%氯虫苯甲酰胺5～10g，均匀喷雾。早晨或傍晚施药效果最好。

对二点委夜蛾重发田，每亩用炒香的麦麸3 kg，兑适量水，加48%毒死蜱乳油或90%敌百虫晶体500g，拌成毒饵，于傍晚顺垄撒施。或用48%毒死蜱乳油1 500倍液、50%辛硫磷乳油1 000倍液，进行全田喷雾。

（三）大喇叭口期

重点防治玉米螟、棉铃虫、玉米褐斑病、玉米大小斑病、玉米细菌性茎腐病等。

（1）科学水肥管理。及时合理追肥，严格控制拔节肥；干旱时适量灌水，宜采用喷灌、滴灌等节水灌溉技术，减少大水漫灌，雨后及时排出田间积水，创造有利于玉米生长发育的田间生态环境，提高植株抗病力，减轻发病程度。

（2）用杀虫灯、性诱剂、食诱剂诱杀害虫。用法同苗期。

（3）保护利用天敌。保护利用瓢虫、草蛉、食蚜蝇、蚜茧蜂、捕食蜘蛛、鸟类、蛙类等自然天敌，以虫治虫。

在玉米螟、棉铃虫、黏虫、草地贪夜蛾等害虫成虫始期，田间放置赤眼蜂卵卡，以寄生玉米螟等害虫卵块，根据成虫量的多少，决定放置蜂卡次数。一般每亩放置卵卡 4 ~ 6 个，挂在玉米叶片背面，每代 1 ~ 2 次，发生量大时，每代放 3 次，每隔 7 ~ 10 天一次。

（4）生物农药防治。每亩用 100 亿活芽孢 /mL 的苏云金杆菌制剂 200mL，按药、水、干细沙比例为 0.4 : 1 : 10，或每克 50 亿孢子的白僵菌 0.35kg，兑细河沙 5kg 配成颗粒剂，在玉米心叶中期撒施，也可使用苦参碱、核型多角体病毒、阿维菌素等生物农药防治玉米螟、棉铃虫等。

玉米纹枯病和玉米大小斑病常发田块，在心叶末期到抽雄期或发病初期，每亩喷洒 200 亿芽孢 /mL 枯草芽孢杆菌可分散油悬浮剂 70 ~ 80mL，或用农用抗生素 120 水剂 200 倍液，隔 10 天防治一次，连续防治 2 ~ 3 次。

井冈霉素对由赤霉菌引发的玉米穗腐病具有较强的防治作用，可在玉米大喇叭口期每亩用 20% 井冈霉素 200g 制成药土点心叶，或配制药液喷施于果穗上。

（5）科学用药。用 50% 辛硫磷乳油，或 90% 晶体敌百虫，或 48% 毒死蜱 500mL，加适量水，拌 25kg 细沙或细干土，制成颗粒剂，每株施 2 ~ 3g 丢心；或每亩用 50 000IU/mg 的苏云金杆菌可湿性粉剂 700 ~ 800 倍液，或 20% 氯虫苯甲酰胺悬浮剂 5 ~ 10g，喷雾防治玉米螟幼虫。

用 80% 代森锰锌可湿性粉剂 1 000 ~ 1 500 倍液，或 50% 异菌脲可湿性粉剂 1 000 ~ 1 500 倍液，或 12.5% 烯唑醇可湿性粉剂 1 000 ~ 1 500 倍液，或 50% 多菌灵可湿性粉剂 500 倍液，或 30% 吡唑醚菌酯悬浮剂 30 ~ 40mL，或 30% 肟菌·戊唑醇悬浮剂 35 ~ 45mL，喷雾，可防治玉米弯孢霉叶斑病、玉米褐斑病、玉米大小斑病等叶斑类病害。

玉米细菌性茎腐病常发田块，在做好虫害防治的同时，喷洒 25%

叶枯灵或 20% 叶枯净可湿性粉剂，加 60% 瑞毒铜或 58% 甲霜灵·锰锌可湿性粉剂 600 倍液，有预防效果。发病初期喷洒 5% 菌毒清水剂 600 倍液，或 72% 农用硫酸链霉素可溶性粉剂 2 000 倍液，防效较好。

此期及之前在防治时可采用自走式喷杆喷雾机或植保无人机进行统防统治作业，提高作业效率和防治效果（图 9、图 10）。

图 9　四轮自走式喷杆喷雾机田间作业　　　图 10　植保无人机田间作业

（四）穗期

重点防治玉米叶斑病类、玉米锈病、玉米穗腐病和棉铃虫、玉米螟、草地贪夜蛾、蚜虫等病虫害。

（1）科学水肥管理。适当增施孕穗肥，适度施用保粒肥，以防后期脱肥，生长后期防止秋季由于降水量过大引起田间积水，要及时排涝，降低田间湿度；创造有利于玉米生长发育的田间生态环境，提高植株抗病力，减轻发病程度。

（2）保护利用天敌。保护利用瓢虫、食蚜蝇、蚜茧蜂、捕食蜘蛛、草蛉、鸟类、蛙类等自然天敌，以虫治虫。

当百株蚜量在 1 000 头以上时，瓢虫释放量和蚜虫存量的比例是 1 ∶ 100；当百株蚜量 500 ～ 1 000 头时，瓢虫释放量和蚜虫存量的比为 1 ∶ 150；当百株蚜量 500 头以下时，瓢虫释放量和蚜虫存量的比为 1 ∶ 200。以傍晚释放瓢虫成虫、幼虫混合群体为宜，释放后应注意经常检查，瓢蚜比小于 1 ∶ 150 时，两天后再调查 1 次，若蚜量上升，则应补充瓢虫数量。

（3）生物农药防治。在棉铃虫、玉米螟、甜菜夜蛾、草地贪夜蛾等害虫卵孵化初期选择喷施苏云金杆菌、球孢白僵菌、短稳杆菌以及棉铃虫核型多角体病毒（NPV）、多杀菌素、苦参碱、印楝素等生物农药进行防治。

玉米蚜虫发生严重田块每亩用150亿孢子/g球孢白僵菌可湿性粉剂15～20g，或每亩用块状耳霉菌200万孢子/mL悬浮剂150～200mL，对水喷雾防治。

玉米弯孢霉叶斑病常发田块可喷施春雷霉素、链霉菌进行防治，对病害有较强的控制作用。

（4）科学用药。用20%三唑酮乳油、12.5%烯唑醇可湿性粉剂1 500倍液喷雾，7～10天一次，连喷2～3次，防治玉米弯孢霉叶斑病、玉米大小斑病、玉米锈病、玉米穗腐病等病害。

用10%吡虫啉可湿性粉剂1 000倍液，或25%吡蚜酮，或50%抗蚜威可湿性粉剂2 000倍液，喷雾，防治玉米蚜虫、叶蝉。

用90%晶体敌百虫800倍液点滴果穗，或每亩用20%氯虫苯甲酰胺5～10mL、20%氟虫双酰胺4～8g，喷雾，防治棉铃虫、玉米螟、甜菜夜蛾等穗部害虫。

用1%苦皮藤素乳油与12.5%烯唑醇可湿性粉剂按重量比3∶7的混配组合进行喷雾，对玉米弯孢霉菌丝生长有较强的抑制作用。

防治时可将杀虫剂、杀菌剂、植物免疫诱抗剂（氨基寡糖素、芸薹素内酯、赤·吲乙·芸薹等）、叶面肥（氨基酸、腐殖酸类等）等混合喷施，能兼治病虫害，有效提高玉米抗逆性（缓解药害、干旱、涝害、土壤板结等），促进植物健壮生长。

由于此期受玉米株高的影响，自走式喷杆喷雾机和人工背负药桶防治无法进田作业，可采用无人机进行飞防作业或烟雾机作业。

（五）收获期

在蜡熟前期或中期剥开苞叶，可以改善果穗的透气性、抑制病菌繁殖生长、促进提早成熟；玉米成熟后及时收获剥掉苞叶，充分晾晒或烘干后入仓贮存，减轻穗腐病等病害发生，同时玉米收后及时深耕灭茬，冻、晒垡，促进病残体腐烂分解，杀伤在土壤内越冬的幼虫，压低越冬菌源虫源。

也可选用白僵菌对冬季堆垛秸秆内越冬玉米螟进行处理，每立方米秸秆垛用菌粉 100g（每克含孢子 50 亿～ 100 亿个），在玉米螟化蛹前喷在垛上。

第五部分 玉米田常用高效植保机械介绍

一、地面施药器械

（一）常用施药器械产品性能及主要技术参数

1.3WX-2000G 自走式喷杆喷雾机（图1）

【性能特点】

（1）GPS卫星定位系统。精准记录喷雾轨迹，防止漏喷，复喷。

（2）智能微机控制喷雾系统。根据行驶速度自动控制喷洒量，确保喷雾一致性，精准控制亩施药量。

（3）风幕式气流辅助防飘移喷雾系统。抗风能力增强，减少农药飘移及损失，增大了雾滴的沉积和穿透，提高了农药利用率；风幕的风力可使雾滴

图1 植保机械，玉米，3WX-2000G 自走式喷杆喷雾机

进行二次雾化，并在气流的作用下吹向作物；气流对作物枝叶有翻动作用，有利于雾滴在叶丛中穿透及在叶背、叶面上均匀附着。

（4）射流搅拌系统。充分搅拌药液，使药液始终保持有效浓度。

（5）喷杆自动平衡系统。喷杆始终和作物保持最佳的距离，达到最佳施药效果。

（6）轮距调节。液压调节，方便快捷。

（7）转向系统。三种转向模式（两轮转向、四轮转向、蟹行转向）使机械田间作业更加灵活，减少对作物的伤害。

（8）驱动。四轮驱动，配置驱动防滑装置。

（9）喷头。配置国际知名品牌喷头，使雾化更加均匀，减少农药使用量，降低农药残留；配置三种喷嘴分别用于施用除草剂、杀虫剂、杀菌剂。

（10）电脑控制操作系统。智能化的电液控制系统，可完成作业面积及行程统计；在驾驶室内即可完成喷杆的展开、折叠、升、降、左右平衡和喷雾开关，一人就可完成所有作业。

（11）驾驶室空调装置。活性炭过滤器（防止驾驶者吸入农药）、CD机、夜晚作业照明装置。

【主要技术参数】

整机净重：8 400kg；药箱容量：2 000L；喷幅：21m；轮距：2 250～3 000mm；最小离地间隙：2 800mm；驱动方式：液压四驱；转向方式：四轮转向；配套动力：106kW；工作压力：0.2～0.4MPa；搅拌方式：射流搅拌；液泵流量：253.4 L/min；喷头：进口扇形喷头，42个；喷头流量1 103（单个）：0.96～1.36L/min；工作效率：≤400亩/h；行驶速度：≤25km/h。

2. 3WX-1000G 自走式喷杆喷雾机（图 2）

【性能特点】

（1）全液压行走、转向，操作省力。

（2）根据用户需求可以选配两轮或四轮驱动，配置后轮减震和前桥摆动，可以在崎岖不平的田地间畅通无阻。

（3）超高地隙，更好地适应了特殊而复杂种植模式的需求。

（4）整体采用门框式结构。作业时只有两行结构在作物间穿行，减小了对作物行距的要求；穿行结构轴距短、通过性好，可以适应小的行距作物。

（5）进口喷嘴，雾化均匀，减少农药使用量，降低农药残留，采用三喷头体的喷头，同时配有三种不同喷嘴，可以适应多种喷洒要求。

（6）配置变量喷雾控制系统。实时显示作业速度、工作压力、单

图2 植保机械，玉米，3WX-1000G 自走式喷杆喷雾机

位面积施药量、已作业面积等参数；可按照设定的单位面积施药量精准喷洒农药。

（7）进口隔膜泵，流量稳定，寿命长。

（8）采用射流搅拌结合回水搅拌，确保药液搅拌均匀。

（9）先进的电液结合控制技术。在驾驶室内即可完成喷杆的展开、折叠、升、降、左右平衡和喷雾开关，一人即可完成所有作业需求。

【主要技术参数】

整机净重：3 750kg；药箱容量：1 000L；喷幅：16m；轮距：2 150～2 650mm；最小离地间隙：2 400mm；驱动方式：液压后驱/四驱；转向方式：前轮转向；配套动力：65kW；工作压力：0.2～0.4 MPa；搅拌方式：射流结合回水搅拌；液泵流量：124.7L/min；喷头种类：进口扇形喷头；喷头数量：32 个；喷头流量 1 103（单个）：0.96～1.36 L/min；工作效率：≤ 170 亩/h；行驶速度：≤ 17 km/h。

3. 3WP-1300G 自走式四轮高地隙喷杆喷雾机（图 3）

【性能特点】

（1）柴油增压发动机功率大、动力强劲，进口液压变量泵压力高、流量大，四套进口低速大扭矩液压行走马达、四轮驱动，使该机动力

图3　植保机械，玉米，3WP-1300G自走式四轮高地隙喷杆喷雾机

强劲、行走、爬坡能力极强。

（2）全液压行走系统，无级变速、行驶平稳无冲击、操作简单、易学、劳动强度低。

（3）全液压转向，具有三种转向模式，转弯半径小、机动灵活。

（4）中空门框设计、超薄药箱、超高地隙、喷杆和驾驶室升降，不伤苗、损失小。

（5）液压调整轮距，操作简便，适用更广泛。

（6）进口自动变量喷雾控制器配以三喷头体及进口喷头，使作业更加精准，在提高防治效率的同时还能降低农药残留。

（7）在额定工作压力时，喷杆上各喷头的喷雾量变异系数小于15%。

（8）在额定工作压力时，沿喷杆喷雾量分布均匀性变异系数小于20%。

（9）药箱搅拌器搅拌均匀性变异系数小于15%。

（10）进口隔膜泵效率高、寿命长，进口过滤器及管路接头防止跑冒滴漏。

（11）驾驶室内带有空调，驾驶室、整机、喷杆均配有减震装置，工作更加舒适，降低劳动强度。

【主要技术参数】

结构：门框式整机结构；药箱：容积≥1 300L，分布于整机两侧，整体滚塑；搅拌形式：回水搅拌、射流搅拌；离地间隙：2 350mm；轮距：2 200～2 700mm（液压无极调整）；配套动力：四缸水冷柴油机，发动机功率≥68kW；驱动：静液压四轮驱动；转向：全液压转向系统，两轮、四轮、蟹型转向；液泵：隔膜泵，液泵流量≥128L/min，压力≥2MPa；喷杆：液压伸缩喷杆，可以分节折叠，工作幅宽≥15m；喷杆高度调整范围：400～3 100mm；喷头：配3喷头喷头体，配有03型号防漂移喷嘴和标准扇形02、03型号喷嘴，喷头数量为30个。喷嘴间距：500mm；驾驶室：可升降600～2 600mm、钢结构、密封驾驶室，空调。喷头流量（单个）：1.2L/min；最佳作业速度：3～8km/h；效率:130～180亩/h；最快行驶速度：28km/h。

4. 3WSH-500型自走式喷杆喷雾机（图4）

【性能特点】

（1）大功率、多缸水冷柴油发动机，具有体积小、重量轻、易维护，

图4　植保机械，玉米，3WSH-500型自走式喷杆喷雾机

使用成本低等性能。

（2）加长车体、拓宽轮距、重心下移，增强了作业时的稳定性及爬坡幅度。

（3）耐磨实心轮胎、全封闭脱泥板、1 100mm 地隙高度、可调分垄器，不但减少了在泥田、湿地等环境下对作物的压损，而且实现了作物中后期病虫害快速防治作业。

（4）自吸加水、自动调整喷杆、四轮平衡驱动、四轮液压转向、前后轮迹同轨，单机单人轻松操作，适合于专业化统防统治组织以及规模化农场农作物病虫害防治。

（5）喷头具有防滴性能。

（6）在额定工作压力时，喷杆上各喷头的喷雾量变异系数小于15%。

（7）在额定工作压力时，沿喷杆喷雾量分布均匀性变异系数小于20%。

（8）药箱搅拌器搅拌均匀性变异系数小于 15%。

（9）可选配充气轮胎、实心轮胎。

【主要技术参数】

整机结构：前置发动机，中置驾驶，后置药箱；药箱：500L 滚塑材质；发动机：23 马力直列三缸水冷柴油机；驱动方式：四轮驱动，带差速锁；离地间隙：1 000mm；轮距：1 500mm；轮胎：充气轮胎、实心橡胶轮胎；液泵：三缸柱塞泵；喷杆：前置，高强度铝合支撑杆架，快速电机喷杆伸展，新型电推杆升降，升降高度 450 ～ 1 700mm；喷幅：12m；转向形式：四轮转向；喷头数量：22 个，防滴漏喷头，进口扇形喷嘴；喷头流量（单个）：0.76 ～ 1.02 L/min；液泵形式：柱塞泵，压力 0.8 ～ 1.2MPa；液泵流量：126L/min，带自吸水功能；最佳作业速度：3 ～ 8km/h；效率：60 ～ 100 亩 /h；最快行驶速度：18km/h；倾斜及爬坡：小于 30°；作业下陷值：小于或等于 40cm 正常行驶作业。

5. 3WFY-800 风送式高效远程喷雾机（图 5）

图 5 植保机械，玉米，3WFY-800 风送式高效远程喷雾机

【性能特点】

喷洒系统由一远程喷射口和一近程喷射口组成。可以实现水平面 180° 旋转和垂直面 80° 上下摆动。

【主要技术参数】

药箱容量：800L；整机净重：480kg；水平射程：≥ 40m；垂直射程：≥ 30m；配套动力：≥ 70hp（1hp 约为 735W）；喷雾系统工作压力：0.5 ~ 1.0 MPa；液泵型式：隔膜泵；液泵流量：70 L/min；搅拌方式：射流搅拌；喷幅：40 ~ 50m；喷头数量：14 个；效率：200 ~ 300 亩 /h；喷头流量 D4（单个）：2.8 ~ 4L/min；喷头流量 D3（单个）：1.7 ~ 2.4L/min；最佳作业速度：6 ~ 8km/h。

6. WS-25DG 背负式电动喷杆喷雾器（图 6）

【性能特点】

（1）喷杆使用铝制喷杆，重量轻，强度高，喷头高度可调节（离地距离 0.5 ~ 2.3m）。

图 6　植保机械，玉米，WS-25DG 背负式电动喷杆喷雾器

（2）机器可方便拆装。

（3）工作效率高，喷幅 6m，每天可作业 100 亩。

（4）作业时间长，充满电可连续作业 4h。

（5）采用 8 个进口喷头，雾化效果好，作业效率高。

【主要技术参数】

整机重量：10 kg；喷杆材料：铝杆；额定容量：25 L；工作压力：0.2 ~ 0.45 MPa；额定电压：12V 12A 锂电池；双联泵：DC12V，3.5 ~ 4A；连续工作时间：4 h 左右；喷头数量：8；喷幅宽度（喷头距地高度 0.6m，室内无风状态）：6m；一桶水喷洒面积：3.5 亩；作业效率：约 4min/亩。

（二）常用地面施药器械使用注意事项

（1）作业前一定要确认各零部件是否已准确组装，检查各螺栓、螺母是否松动；打开管路总开关和分路开关进行调压，压力不能超过 0.4MPa；每次作业完毕，将压力调节归零。

（2）田间作业时使用合理速度，切勿超速作业，通过水沟和田垄时减速通过；作业时注意各种障碍物，防止撞坏喷杆；严禁高速行驶。

（3）工作压力不可调得过高，防止胶管爆裂。

（4）操作机器时，手指不要伸入喷杆折叠处，避免发生意外伤害。

（5）风速超过3级、气温超过30℃等，不宜作业。

（6）若出现喷头堵塞，应停机卸下喷嘴，用软质专用刷子清理杂物，切忌用铁丝、改锥等强行处理，以免影响喷雾均匀度和喷头寿命。

（7）配药时使用的水要洁净，如河水等自然水源，要经过沉淀过滤等处理后使用。

（8）不允许在药箱内直接配药；更换不同类型药剂，需进行彻底清洗。

（9）正常作业时，喷头和作物高度保持50cm（也可以根据农艺要求来定）。

（10）每季作业后清洗药箱及管路，并将隔膜泵清洗后加入防冻液，放置在干燥温暖房间存放。

二、 植保无人机

（一）常用植保无人机产品性能及主要技术参数

1. MG-1P RTK 植保无人机（图1）

【性能特点】

全自主雷达：实时检测周边障碍物，能检测到半径 0.5cm 以上的电线或障碍物，保障飞行安全。

摄像头图传：123° 广角镜头，第一视角 FPV 摄像头，实现远距离实时图像传输、飞行打点，快速规划地块。

精准喷洒：智能药液泵，根据飞行速度控制喷洒流量，实现精准喷洒。

图1　植保机械，玉米，MG-1P RTK 植保无人机

飞行安全：八轴动力冗余，一个电机损坏仍能保障正常飞行。

夜间作业：双探照灯，保障夜间也能安全作业。

一控多机：一个遥控器可同时操控五架飞机。

多种模式：手动、自动和半自动多种作业模式，可根据不同田块选择不同作业模式，适应更多更复杂的田块和地形。

坐标记忆：自动记录上次未打药位置，加药后飞行到指定位置自行打开继续喷施。

智能监控：实时监控作业数据，后台轻松调取所有飞行参数和作业过程。

智能遥控：3 000m 遥控距离，配备高清超亮显示屏，遥控器电池、天线可更换。

【主要技术参数】

标准起飞重量：23.9 kg；容积：10 L；标准作业载荷：10kg；喷头：4 个 XR11001VS（流量：0.379L/min）；雾化粒径：130 ～ 250μm（与实际工作环境、喷洒速率等有关）；作业效率：1.04 ～ 1.5 亩 /min；日作业面积：300 ～ 400 亩；单架次作业面积：10 ～ 15 亩；悬停时间：9min；相对飞行高度：距离农作物蓬面 1.5 ～ 3m；喷幅：3 ～ 5m（风速 2 ～ 3 级）；测距精度：0.10m；高度测量范围：1 ～ 30m；定高范围：1.5 ～ 3.5m；避障系统可感知范围：1.5 ～ 30m，根据飞行方向实现前后方避障；定位系统：GPS+GLONASS(全球)或者 GPS+Beidou(亚太)。

2. P30 RTK 电动四旋翼植保无人机（图 2）

图 2　植保机械，玉米，P30 RTK 电动四旋翼植保无人机

【性能特点】

可夜间作业、秒启停、断点续喷、作业轨迹监管、作业面积监管、作业区域管理、无人机远程锁定。

【主要技术参数】

标准起飞重量：37.5kg；最大载药量：15kg；有效喷幅：3.5m；喷头：4个离心雾化喷头；雾化粒径：85～140μm；适应剂型：水剂、乳油、粉剂；最大作业速度：8m/s（风速2～3级）；作业效率：80亩/h；单次飞行最大面积：30亩；相对飞行高度：距离农作物蓬面1.5～3m；满载飞行时间：12min；电机类型：无刷电机；电机驱动：FOC驱动；电机寿命：≥200h；定位方式：GNSS RTK；飞控型号：SUPERX3 RTK；遥控系统：地面站系统。

3.3WQFTX-10 1S 智能悬浮植保无人机（图3）

【性能特点】

（1）柔性喷洒机构，在田间地头复杂情况下转场不易损坏，而在作业时又不失结构刚性，能较好保证喷洒效果。

（2）内藏式电池固定方式，使整机结构更紧凑，满载和空载的重心变化较小，更有利于飞行，并且喷洒效果更理想。

图3 植保机械，玉米，3WQFTX-10 1S 智能悬浮植保无人机

（3）优化的整机结构使结构强度更大，进一步减少发生意外时的损失。

（4）外壳涂装彩画，远距离视觉好，增加可操作性。

【主要技术参数】

标准起飞重量：25.5kg；容积：9L；标准作业载荷：9 kg；喷头型号：120–015（流量：0.54 L/min），数量：4个；最大作业飞行速度：6 m/s（风速 2 ~ 3 级）；作业效率：1 ~ 1.2亩/min；日作业面积：350 ~ 400亩；单架次作业面积：11 ~ 12亩；悬停时间：5 ~ 6min；相对飞行高度：距离农作物蓬面1.5 ~ 2m；喷幅：4 ~ 5m（高度不同及逆风或顺风有所变化，风速 2 ~ 3 级）；测距精度：0.2m；高度测量范围：0.5 ~ 10m；定高范围：0.5 ~ 10m；避障系统可感知范围：3 ~ 5 m；定位系统：单点 GPS 和 RTK 可选。

4. 3WQF120–12 型智能悬浮植保无人机（图4）

图4 植保机械，玉米，3WQF120-12 型智能悬浮植保无人机

【性能特点】

喷幅大作业效率高，作业效果好，不用充电，加油即飞。

【主要技术参数】

标准起飞重量：40kg；容积：12L；标准作业载荷：12kg；喷头

型号：02、015（流量：1.44~1.89L/min），数量：3个；最大作业飞行速度：8m/s（风速2~3级）；作业效率：1~1.5亩/min；日作业面积：400~500亩；单架次作业面积：10~15亩；悬停时间：30min；相对飞行高度：距离农作物蓬面1~3m；喷幅：4~6m（风速2~3级）；测距精度：0.5m；高度测量范围：1~10m；定高范围：1~10m；避障系统可感知范围：0~30m；定位系统：单点GPS和RTK可选。

（二）常用植保无人机使用注意事项

（1）飞行前要对机器进行全面的检查，检查飞机和遥控器的电池电量是否充足。

（2）飞行前检查风力风向，注意药剂类型和周边环境，确保无敏感作物和对其他生物无影响再进行作业。

（3）飞行时要远离人群，不允许田间有人时作业；作业时的起降应远离障碍物5m以上；10万V及以上的高压变电站、高压线100m范围内禁止飞行作业。

（4）严禁在雨天或有闪电的天气下飞行；当自然风速≥5m/s时，应停止植保作业或采取必要的飞行安全措施和防雾滴飘移措施；下雨天气或预计未来2~3h降雨天气不可施药。

（5）一定要保持飞机在自己的视线范围内飞行。

（6）同一区域有两架或两架以上的无人机作业时，应保持10m以上的安全作业距离；操控员应站在上风处和背对阳光进行操控作业。

（7）随时注意观察喷头喷雾状态，发现有堵塞的情况要及时更换，并将更换下来的喷头浸泡在清水中，以免凝结。

（8）喷洒杀虫剂和杀菌剂时，每亩施药液量不应小于1L；喷洒除草剂时每亩施药液量应在2L以上。

（9）为避免水分蒸发、药液飘移，须混配专用抗飘移、抗蒸发的飞防助剂，混匀后施药保证药效稳定发挥。

（10）作业后及时清理药箱和滤网，施用不同药液需彻底清洗药箱。